FABRICATION SIMPLE

ET PEU DISPENDIEUSE

DU SUCRE INDIGÈNE;

Par C.-J.-A. Mathieu de Dombasle.

A PARIS,

CHEZ Mme HUZARD, LIBRAIRE, RUE DE L'ÉPERON, N° 7.

A NANCY,

CHEZ GEORGE-GRIMBLOT, PLACE STANISLAS, N° 7.

Avril 1838.

TABLE DES MATIÈRES.

NANCY, IMPRIMERIE DE A. PAULLET.

FABRICATION SIMPLE

ET PEU DISPENDIEUSE

DU SUCRE INDIGÈNE.

SECTION PREMIÈRE.

But de l'Ouvrage et des opérations exécutées à Roville en 1837 *et* 1838.

J'ai annoncé dès 1832 les résultats que l'on obtient par le procédé de macération pour l'extraction de la matière sucrée de la betterave. Ce procédé consiste à découper les racines en tranches, même assez épaisses, et à les faire macérer dans l'eau chaude, qui se charge de la matière sucrée qu'elles contiennent. On supprime entièrement ainsi les râpes et les presses, qui entraînent tant d'embarras et de dépenses dans les fabriques. Depuis cette époque, quelques personnes ont imaginé des appareils au moyen desquels on exécutait cette opération par filtration continue, au lieu de l'action successive des virements comme je l'avais pratiqué. Un assez grand nombre de fabricants ont été séduits par cette modification, que l'on regardait comme un perfectionnement; et c'est seulement sous cette forme que le procédé de macération a été introduit dans les fabriques.

Dans un écrit publié en 1834, j'ai cherché à prémunir l'industrie contre les inconvénients que pouvait entraîner cette modification, qui, sous prétexte de simplification dans le travail, dénaturait complétement les bases sur lesquelles repose le succès du procédé de macération; et j'avais lieu de craindre qu'on ne rejetât sur la macération elle-même les mécomptes que je prévoyais devoir être le résultat de cette manière vicieuse d'opérer. Cette crainte s'est réalisée : les appareils continus ont été presque partout abandonnés, après quelques années d'épreuve, parce qu'on n'épuisait pas suffisamment les racines, ou du moins parce qu'on ne pouvait les épuiser qu'en employant une trop grande masse d'eau, d'où résultait un liquide d'un titre trop faible. On a trouvé aussi que les matières dissoutes dans cette opération avaient subi des altérations dont on a accusé la macération elle-même, tandis qu'elles n'avaient pour cause que les vices inhérents à cette manière d'opérer. Il est résulté de ces mécomptes que les fabricants les plus éclairés ont douté peut-être de la possibilité d'obtenir de bons résultats par le moyen de la macération à chaud.

On a inventé aussi des appareils continus fort ingénieux, pour traiter, par la macération dans l'eau froide, la pulpe râpée des betteraves. Ici se présente d'abord la différence de la force, c'est-à-dire de la dépense qui est nécessaire pour râper les betteraves, ou pour les découper en tranches ; et cette différence est au moins dans le rapport de 8 à 1. Ensuite ces appareils présentent l'inconvénient inhérent à toute opération continue dans la macération : savoir, qu'il est nécessaire d'employer une très-grande masse d'eau pour arriver à un degré d'épuisement un peu avancé, d'où résultent des jus à un titre trop faible. Enfin, on rencontre ici un inconvénient qui tient à la fois au râpage et à la macération à froid : cet inconvénient résulte de ce qu'il échappe toujours, même au râpage le plus soigné, des particules de racines dont les vésicules n'ont pas été brisées, et qui sont ainsi soustraites à l'action de l'eau froide. On peut apprécier toute la portée de ce dernier inconvénient par l'expérience suivante : Que l'on prenne de la pulpe épuisée et imprégnée d'eau, telle qu'elle sort d'un de ces appareils, et qu'on en extraie le liquide par expression ; on trouvera, je suppose, que le liquide marque un demi-degré à l'aréomètre : on croit que ce degré indique toute la portion de matière sucrée qui a échappé à l'action de l'appareil. Mais que l'on prenne ensuite de la même pulpe sortant de l'appareil, et qu'on la soumette à la macération à chaud, en la plaçant pendant une demi-heure dans un vase au bain-marie, avec l'eau dont elle est imprégnée : on trouvera alors que ce liquide ne marque plus un demi-degré, mais bien un et demi et peut-être deux degrés. Ce fait fera bientôt comprendre toute l'efficacité de l'action de la chaleur pour détruire le principe de vie dans les portions de racines, et pour faciliter l'action de l'affinité de l'eau dans l'acte de la macération.

Je me suis déterminé, dans cet état de choses, à me livrer à de nouvelles expériences combinées de manière à résoudre tous les doutes que l'on pouvait encore concevoir sur l'application, aux travaux des fabriques, de la macération à chaud par virements. J'ai commencé ces experiences au printemps de 1837, et je les ai complétées par des opérations continuées pendant l'automne et l'hiver suivants. Je puis dire, aujourd'hui, que sur tous les points qui pouvaient paraître douteux, le succès a dépassé les espérances que j'avais pu concevoir ; on pourra juger de son importance par les détails dans lesquels j'entrerai tout-à-l'heure.

Le local ne me permettait pas de placer une série complète de cuviers, de manière à pouvoir épuiser complétement les tranches de betteraves ; mais c'est là une question sur laquelle il ne restait aucune incertitude, d'après le résultat de mes expériences précédentes ; et toutes les personnes qui se sont livrées, depuis cette époque, à des recherches sur cette matière, ont reconnu l'exactitude des faits que j'avais observés, ensorte qu'il devenait peu important de chercher à constater de nouveau un fait qui est, je pense, aujourd'hui admis par tout le monde. Les faits observés cette année dans le travail à deux ou trois virements ont d'ailleurs complétement démontré l'exactitude avec laquelle s'opère le partage de la matière sucrée dans l'acte de la macération, ensorte qu'on peut toujours déterminer, à l'aide du calcul, le degré d'épuisement auquel on arrivera au moyen de tel nombre de virements. Cette question doit donc être considérée comme ne présentant plus aucun doute, et comme étant devenue du domaine des ateliers.

D'un autre côté, la nature des recherches auxquelles je voulais me livrer, exigeait que l'on procédât par opérations détachées et non par un travail continu, comme cela doit avoir lieu en fabrique. En effet, je voulais étudier à part l'influence des diverses circonstances qui peuvent agir dans la macération; et cette étude exigeait que l'on traitât à part, pour la défécation, la concentration et la cuite, le produit de chaque opération, ce qui serait impossible dans le travail continu. On pouvait ainsi combiner le travail de manière à isoler chaque circonstance pour en apprécier l'influence. Ce n'était pas à une fabrication que je voulais me livrer, mais je voulais fixer les bases sur lesquelles on pût désormais établir, dans les fabriques, le procédé de macération avec certitude de succès; et le meilleur moyen d'atteindre ce but était une série d'opérations dans lesquelles, en se rapprochant assez des travaux des fabriques, on pouvait reproduire à volonté, dans diverses combinaisons, les différentes circonstances qui pourraient s'y présenter, et apprendre à connaître ainsi, avec plus d'exactitude qu'on n'eût pu le faire même dans une fabrication régulière, l'influence exercée par chacune de ces circonstances. Par ces divers motifs, j'attachais, pour le moment, peu d'importance à travailler avec une série complète de cuviers.

On a employé successivement à ces expériences des cuviers de deux, de cinq et de dix hectolitres. Les seconds ont été ceux dont on a fait le plus fréquent usage, parce que leur contenance s'accordait mieux avec celle des appareils d'évaporation. Cette contenance est celle qui conviendrait à une fabrication journalière de 12 milliers de betteraves. Le chauffage des cuviers et l'évaporation ont été opérés au moyen de la vapeur; mais la cuite a toujours été faite à feu nu, parce que c'est là le *criterium* d'un sirop de bonne qualité; et lorsque des sirops supportent bien cette épreuve, on peut être assuré que l'évaporation à feu nu aurait pu être exécutée sans inconvénients sur le sirop moins concentré. On s'est assuré, d'ailleurs, par des expériences directes, que les jus obtenus par ce procédé supportent l'évaporation à feu nu pendant toute la durée de l'opération, et à partir de la défécation, beaucoup mieux que ne le font les jus obtenus par expression.

Je vais indiquer d'abord les principaux résultats qui ont été obtenus dans cette série d'expériences : je donnerai ensuite une description des appareils fort simples à l'aide desquels on peut fabriquer le sucre de betteraves par ce procédé. Je désire mettre les personnes qui voudraient se livrer à cette industrie, surtout dans de petites fabriques, en état de faire construire elles-mêmes tous les ustensiles dont elles ont besoin. Pour de grands établissements, on s'adresse communément à des constructeurs, parmi lesquels il en est de fort habiles, et qui dirigent les fabricants dans toutes les parties de la construction ; mais, pour de petites fabrications, on ne peut avoir recours à leurs lumières, parce que cela deviendrait trop dispendieux. Il est certain que c'est là un des principaux obstacles qui ont empêché jusqu'ici un grand nombre de propriétaires et de cultivateurs de songer à établir des fabriques petites ou moyennes. Mais les dispositions d'un atelier sont devenues si simples à l'aide du procédé de macération, que j'espère pouvoir mettre les personnes qui voudront s'en occuper avec quelque application, en état de se passer d'aucun constructeur de profession, pour l'établissement des petites fabriques. J'établirai moi-même, à Roville, dès cette année, un petit atelier, pourvu de cuviers de macération de deux hectolitres seulement, et où l'on pourra traiter 4 à 5 milliers de betteraves par jour. Dans cet opuscule, et dans les autres publications qui le suivront, si cela est nécessaire, je m'efforcerai de mettre les procédés de cette fabrication à la portée de toutes les personnes qui voudront se donner la peine d'en faire l'apprentissage. Ainsi, non seulement je décrirai les appareils, dont la construction sera toujours très-simple et peu dispendieuse, mais j'entrerai aussi dans les détails nécessaires sur les procédés de la fabrication.

SECTION II.

De l'Altération supposée de la matière sucrée par l'effet de la coction.

La question la plus importante que j'eusse à résoudre dans cette série d'expériences, était de savoir s'il y a réellement altération de la matière sucrée, lorsqu'on soumet les betteraves à la coction dans l'eau; car c'est là la principale objection que l'on ait faite théoriquement à la macération à chaud. Cette question a été complétement résolue dès les premières opérations, et je surprendrai peut-être beaucoup de personnes, en disant que non seulement il ne se manifeste dans cette circonstance aucune trace d'altération, mais que les sirops que l'on obtient par ce moyen sont beaucoup moins colorés, se cuisent plus facilement et cristallisent mieux que ceux qui résultent du râpage et de l'expression. Je ne m'attendais pas moi-même à ce résultat, qu'il me semble toutefois facile d'expliquer: dans les opérations de râpage et d'expression, il est impossible d'éviter que la matière soit soumise pendant un certain temps, soit sous forme de pulpes, soit sous forme de jus, aux influences qui déterminent une altération qui a formé jusqu'ici l'ennemi le plus redoutable que l'on ait rencontré dans cette fabrication : cette altération consiste en une fermentation d'un genre particulier, dont le premier degré se manifeste par la coloration que prend la pulpe ou le jus, peu d'instants après qu'ils ont été soumis à l'action de l'air; et lorsque cette altération est portée à un certain degré, elle donne au jus la consistance glaireuse que tous les fabricants connaissent. Il est bien vraisemblable que l'échauffement produit par l'action mécanique de la râpe et de la presse, commence à déterminer cette altération ; mais il est certain que les influences qui la produisent ne cessent, dans ces opérations, qu'au moment où le jus est parvenu, dans la chaudière de défécation, à un degré de température suffisant pour détruire tout principe d'une fermentation ultérieure. Dans la macération, au contraire, la matière sucrée et les autres principes solubles de la racine sont saisis par une température élevée, au moment même où ils sont encore contenus dans les cellules de la plante qui les renferment, et par conséquent dans un état ou la fermentation n'a pu encore se développer ; et, dès que ces principes sont en solution dans le liquide, ils sont préservés, par la température de ce dernier, de toute altération par fermentation. On sait en effet que la chaleur portée au degré de l'ébullition de l'eau forme le préservatif le plus efficace contre toute altération des substances végétales ou animales : on saitqu'on peut conserver presque indéfiniment le bouillon et les autres substances alimentaires, en les soumettant fréquemment à la température de l'ébullition de l'eau ; et le procédé de conservation de M. Appert ne consiste que dans l'application de ce principe à des substances contenues dans des vases clos, afin d'empêcher que le contact de l'air ne reproduise à la longue les principes de fermentation que la chaleur avait détruits. On sait aussi qu'on arrête pour longtemps, dans le moût de raisin, toute disposition à la fermentation, en le soumettant à l'ébullition, qui détruit instantanément tous les principes de la fermentation que le moût contenait. Il en est de même de la fermentation acéteuse qui est instantanément arrêtée, si on soumet le liquide à l'ébullition. Au reste, dans les questions de cette nature, les raisonnements et les analogies ont peu de valeur, et ce sont toujours les faits qu'il faut consulter. Or, je répète ici que d'une longue série d'opérations résulte la certitude la plus complète que non seulement le principe sucré n'éprouve aucune altération lorsque les betteraves sont soumises à la coction, dans l'acte de la macération, mais que la température de l'ébullition de l'eau, à laquelle elles sont ainsi exposées, offre le préservatif le plus efficace contre toute altération nuisible aux opérations ultérieures de la fabrication; et que l'on obtient, après plusieurs heures de macération des betteraves, aussi bien qu'après une demi-heure, du sucre plus beau et en plus grande quantité que l'on en ait jamais obtenu par aucun procédé des fabriques.

Cette faculté préservatrice de la chaleur contre toute altération par fermentation, s'étend, dans une certaine limite, aux degrés de température un peu inférieurs à celle de l'ébullition de l'eau. Cette limite n'est pas encore bien connue; mais je suis arrivé à déterminer par quelques expériences ce qu'il importe le plus d'en savoir pour les travaux des fabriques. Ainsi, dans une opération, les tranches de betteraves sont restées en macération pendant 8 heures, à compter du moment de l'ébullition du liquide. Le cuvier de cinq hectolitres étant resté découvert pendant cet espace de temps, la température s'est successivement abaissée jusqu'à 75° C. Il a été alors déféqué. Le sirop s'est bien comporté et a donné d'aussi beaux sucres que ceux qui avaient été déféqués après une demi-heure de macération. La matière sucrée n'éprouve donc pas d'altération dans ces limites; ce qui suffit parfaitement pour les opérations des fabriques, puisque, dans une série complète de 6 cuviers, et en admettant un virement par demi-heure, le liquide et les tranches ne resteront en macération que 3 heures en tout; et il n'est pas difficile de disposer les choses de manière que le liquide se maintienne constamment à une température supérieure à 75°.

Dans une autre opération, la macération a duré 16 heures, et la température s'est successivement abaissée jusqu'à 50°. Cette fois il y avait évidemment altération, car le sirop était plus coloré et s'est cuit plus difficilement. Cependant la cristallisation s'est bien opérée, la forme a été pleine et le grain beau, mais un peu brun. Je ferai remarquer, au reste, que si une température aussi basse, prolongée pendant aussi longtemps, n'a pas été plus nuisible, c'est uniquement parce que les tranches et le liquide avaient été portés auparavant jusqu'au degré de l'ébullition, dont la faculté préservatrice s'étend pendant un certain temps après que la température s'est abaissée : mais il y aurait altération profonde, si l'on exposait du jus exprimé ou des tranches de betteraves en macération pendant un temps même assez court, à cette température, sans les avoir préalablement soumis à la température de l'ébullition, comme cela avait lieu dans certains appareils de macération continus ; et tout porte à croire que l'altération est bien plus prompte encore dans cette circonstance, à des degrés inférieurs de température, comme 30 à 40°.

Quoique ces faits soient en opposition manifeste avec une opinion très-généralement répandue parmi les fabricants, je les exposerais avec confiance, quand même je ne pourrais appuyer mes assertions que sur ma véracité personnelle; mais ici je suis d'autant plus à l'aise que les opérations sur lesquelles se fondent les vérités que j'exprime, ont été faites, à Roville, en quelque sorte publiquement, c'est-à-dire en présence de tous les élèves de l'établissement, jeunes gens de l'âge de 20 à 30 ans, et aussi en présence de tous les étrangers qui ont désiré en être témoins. Tous les fabricants expérimentés ont reconnu, d'après l'observation des faits, que les jus obtenus par la macération à chaud diffèrent essentiellement par leurs propriétés de ceux qui proviennent des pulpes exprimées ou traitées par la macération à froid ; et la différence est tout à l'avantage des premiers, relativement à la pureté de la matière et à la facilité du traitement des sirops. Il est d'ailleurs si facile à toutes les personnes qui ont un atelier à leur disposition, de vérifier l'exactitude de ces assertions, que j'ai la certitude qu'on verra disparaître en peu de temps, parmi les fabricants éclairés, l'opinion erronée à laquelle on s'était laissé entraîner, relativement à quelques altérations de la matière sucrée, peut-être par l'autorité du nom d'une seule personne fort recommandable, mais non infaillible.

SECTION III.

Résultats généraux des expériences. — Coloration des sirops.

Dans un grand nombre d'opérations exécutées cette année, on s'est contenté d'une seule macération de 325 kilog. de betteraves avec 230 litres d'eau, ce qui produisait après la macération 280 litres de liquide marquant 5° à l'aréomètre. La quantité de liquide se trouve ici augmentée, parce que les betteraves, pendant la première macération, cèdent toujours une partie de l'eau qu'elles contiennent. La proportion était calculée, dans ce cas, de manière à extraire environ la moitié du sucre contenu dans les racines, en obtenant dans le liquide une densité un peu supérieure à celle que l'on aurait eue si l'on eût mis poids égal de betteraves et d'eau. En effet, si nous prenons pour unité un degré aréométrique de richesse par litre d'eau ou par kilogramme de betteraves, nous trouvons que les 325 kilogrammes de racines, dont le jus exprimé marquait 8 ½°, représentent 2762°; mais les 280 litres obtenus à 5° représentent 1400 degrés. Il reste donc 1362° dans la masse de 275 kilogrammes de tranches cuites qui restent dans le cuvier après le soutirage; car, dans toutes ces opérations, le partage de la matière sucrée s'opère avec la plus grande régularité entre le liquide de macération et celui qui reste contenu dans les tranches de betteraves, aux diverses périodes de l'opération, et jusqu'à épuisement presque complet.

Les calculs établis ainsi présentent une exactitude suffisante pour les opérations de la pratique, pourvu qu'on ne les applique qu'à des liquides qui ne diffèrent de densité que dans des limites peu étendues, comme les liquides que l'on obtient immédiatement des betteraves par l'expression du suc ou par la macération; et ces calculs sont fort commodes pour se rendre compte d'avance de la marche du travail dans l'opération des virements. Il est indispensable, au reste, que l'on emploie aux recherches de ce genre un aréomètre bien divisé, ce qui est fort rare parmi les instruments qui se vendent à bas prix et qu'on emploie communément au service des ateliers. Il n'est nullement rare qu'un de ces instruments soit en défaut d'un degré ou même davantage dans un liquide marquant 10 à 15°, quoiqu'ils indiquent réellement zéro dans l'eau commune, seul genre d'épreuve auquel on les soumet communément : on devra donc se procurer un instrument sûr, pour les opérations de ce genre.

Le liquide obtenu dans les macérations dont je viens de parler marquait encore 5° après la défécation ; car, il n'en est pas des liquides de macération comme de ceux d'expression, qui diminuent généralement d'un demi-degré ou d'un degré pendant la défécation, parce qu'ils contenaient une grande quantité de débris solides de la racine. Le produit de la macération, après la défécation, est limpide, d'une couleur jaune très-claire et d'une nuance approchant de celle du soufre. Si on le concentrait jusqu'à 15° sans le passer sur du noir, sa couleur n'était presque pas plus foncée. Plus ordinairement on le faisait passer, après la défécation, sur un filtre de noir usé. Ensuite il était toujours passé à 15° sur du noir employé précédemment à une filtration à 30° ; et enfin, à ce dernier point de concentration, on le faisait passer sur un filtre de noir neuf d'un pied de hauteur et contenant 5 à 6 kilogrammes de noir pour 20 à 25 litres de sirop, qui devaient former une cuite dans la bassine. Le sirop parvenu à 30° offrait une fluidité remarquable, et sa couleur était celle du vin de Madère ; il ressemblait, en un mot, à une belle claircé de raffinerie. Il se cuisait à feu nu avec la plus grande facilité, presque toujours sans qu'on eût besoin d'employer du beurre pour abaisser le bouillon. La cristallisation était nerveuse, occupant toute la capacité de la forme, et le grain à peine coloré. Les mélasses qui en provenaient se recuisaient bien. On a pesé habituellement la masse dans la bassine avant de la mettre en forme, et l'on a presque toujours trouvé de 34 à 36 livres pour le produit d'une seule macération, dans les proportions que j'ai indiquées plus haut, ce qui fait un peu plus de 5 pour % de la masse totale des betteraves mises dans la macération, ou plus de 10 pour % de la portion de ces betteraves que l'on peut supposer avoir été totalement épuisée dans cette opération, d'après le calcul dont j'ai donné ci-dessus un exemple. Je ne pouvais guère pousser plus loin la recherche du poids du produit et l'étendre jusqu'au sucre purgé, parce que les formes que j'employais étaient un peu trop petites pour que chacune pût contenir le produit d'une opération ; en sorte qu'on était forcé d'en négliger une partie en mettant en forme, ou de réunir ces excédants pour en faire des formes à part. Mais, d'après l'avis des fabricants qui ont vu ces formes, la proportion de sucre cristallisé qu'elles contenaient par rapport à la mélasse qui s'en écoulait, était plutôt supérieure qu'inférieure à ce que l'on obtient dans les plus belles opérations des fabriques. Il faut dire encore qu'il y a toujours des pertes inévitables dans un travail de recherches exécuté en petit, et dans lequel il importe de ne pas mélanger les produits de deux opérations. Sans cette dernière circonstance, il est vraisemblable qu'on eût porté à près de 40 livres de masse, après la cuite, le produit de chaque macération ; et, en supposant qu'on en eût tiré les trois quarts, ou trente livres de sucre, le produit ne serait pas éloigné de 10 pour % de la quantité de betteraves que l'on peut supposer avoir été complétement épuisées dans la macération. Je ne veux pas, toutefois, présenter cette dernière évaluation comme offrant plus d'exactitude qu'il n'en ressort naturellement des résultats positifs que je viens d'énoncer : mais je dirai que, d'après l'observation de ces faits, je ne conserve aucun doute que l'on n'eût obtenu au mois 8 à 9 pour % de sucre des betteraves que nous avons traitées, si elles avaient été soumises au procédé de macération dans un appareil de virement complet.

J'ai insisté sur la coloration du liquide dans les diverses parties de l'opération, parce que j'ai toujours vu là une circonstance caractéristique du succès que l'on obtiendra en définitive ; et les altérations nuisibles se manifestent toujours par la coloration du jus et des sirops. Lorsqu'on obtient, après la défécation, un liquide d'une couleur jaune très-claire, c'est-à-dire tirant sur le citron ou le soufre, qui ne prend pas une teinte plus foncée par son exposition à l'air ou dans les premiers temps de la concentration, on peut être assuré qu'on travaille sur une matière qui n'a éprouvé aucune altération ; et l'on obtiendra, à moins de fautes graves, un produit en sucre abondant et de belle qualité. Mais si le liquide, après la défécation, offre une nuance qui tourne le moins du monde au rougeâtre ou à l'ambré, l'intensité de cette nuance s'accroîtra à mesure que la concentration s'avancera, et l'on aura, en définitive, un sirop plus ou moins brun, ou, ce qui est encore pis, rougeâtre, et où la matière sucrée a éprouvé une altération sensible. Pour bien étudier la coloration des sirops, ce n'est pas dans une cuiller qu'il faut les observer, comme on le fait généralement dans les fabriques ; car, vu à une si petite épaisseur, le liquide paraît toujours plus beau et moins coloré qu'il ne l'est réellement. L'instrument qui convient le mieux pour ce genre d'étude est un verre conique à patte, de deux pouces de diamètre environ à son ouverture, sur huit pouces de profondeur, comme certains verres dont on fait usage à table. On peut très-bien y apprécier la dégradation des teintes, parce qu'on y observe le liquide sous diverses épaisseurs. C'est toujours dans des verres semblables qu'ont été observées les nuances que je viens d'indiquer, aussi bien sur le sirop à 30° que sur le liquide après la défécation.

SECTION IV.

Découpage des racines. — Marche des virements. — Principes qui la dirigent.

Le découpage s'opère à l'aide d'un instrument fort simple, nommé *coupe-racines*. Dans nos opérations, les tranches ont toujours été découpées sur une épaisseur de trois lignes, sans qu'on ait cherché à les diviser en rubans ou en prismes, comme on l'a proposé quelquefois. Ce travail exige si peu d'efforts que deux hommes tournant à la manivelle découpent 500 kilog. de betteraves en un quart d'heure. Un troisième ouvrier alimente la trémie.

Les inventeurs d'appareils continus de macération demandaient qu'on découpât les betteraves en tranches beaucoup plus minces, et même qu'on les divisât en rubans. Il est certain que, dans ce cas, le partage de la matière sucrée s'opère plus promptement; mais on a reconnu qu'à l'épaisseur que je viens d'indiquer, la macération s'exécute très-bien, c'est-à-dire que le partage de la matière sucrée s'opère parfaitement entre les tranches et le liquide de macération, dans l'espace de moins d'une demi-heure. Il n'y aurait donc pas de motif pour vouloir découper les betteraves en tranches plus minces, à moins qu'on ne voulût donner à chaque virement une durée moindre que ce temps. Je n'assure pas qu'il ne conviendra jamais de le faire; mais on expédie déjà tant de besogne avec des cuviers même assez petits, en mettant une demi-heure à chaque virement, qu'il ne m'a pas paru nécessaire de rechercher plus de célérité, ce qui entraînerait quelque embarras dans la manipulation. Je me suis donc contenté du découpage à cette épaisseur.

Le travail mécanique des virements, tel que je l'ai proposé dans le premier cahier du *Bulletin du procédé de macération*, c'est-à-dire en transvasant le liquide d'un cuvier dans l'autre, ne présente aucune difficulté : le liquide s'écoule très-rapidement entre les tranches, moyennant un double-fond en [illegible] percé de trous. Seulement on a reconnu, dans nos opérations, que pour des cuviers qui dépasseraient la contenance de 5 ou 6 hectolitres, il serait convenable d'employer une pompe foulante ou tout autre moyen mécanique, pour élever le liquide. Pour les cuviers de petites dimensions, le virement s'opère facilement à bras, au moyen d'un seau dans lequel un ouvrier reçoit le liquide qui s'écoule d'un cuvier pour le verser dans le voisin.

Au reste, nous avons été tellement satisfaits des essais que nous avons faits depuis quelque temps d'un autre moyen de virement, que je n'hésiste pas à penser que ce moyen doit être préféré au premier dans tous les cas, parce qu'il simplifie et facilite beaucoup le travail. Ce moyen consiste à opérer le virement en transportant les tranches d'un cuvier dans l'autre, au lieu d'y transporter le liquide. J'ai parlé, dans le premier cahier du bulletin, d'une cage en fer que j'avais placée dans la chaudière d'amortissement, dans mes opérations de 1831, et que l'on enlevait ensuite avec toutes les tranches pour les transporter dans un cuvier de macération. J'ai indiqué l'inconvénient qu'avait présenté l'emploi de cette cage : mais on fait disparaître entièrement cet inconvénient, en substituant à la cage une bourse en filet qui tapisse exactement les parois du cuvier, et au moyen de laquelle on enlève, d'un seul coup, les tranches de betteraves contenues dans un cuvier, ce qui peut se faire à l'aide d'un moyen mécanique quelconque, en beaucoup moins de temps qu'il n'en faudrait pour opérer le transvasement du liquide. En appliquant ce mode de virement à tous les cuviers, au lieu d'un seul, comme je l'avais fait avec la cage en fer, on apporte encore une simplification fort importante dans la construction de l'appareil, puisqu'au moyen de la combinaison dont je vais parler, on peut se contenter d'échauffer le premier et le dernier cuviers de la série; tandis qu'en opérant le virement du liquide, le même mode de chauffage devait être nécessairement appliqué à tous les cuviers, puisque chacun d'eux devenait successivement le cuvier de tête dans lequel s'opère l'amortissement des tranches, et qui doit nécessairement être échauffé.

Dans la nouvelle combinaison, au contraire, un seul cuvier est destiné à opérer l'amortissement; et il est placé à un niveau inférieur à celui des autres cuviers, en sorte qu'on peut, en ouvrant un robinet ou une simple broche, amener dans le cuvier d'amortissement le liquide du cuvier le plus riche de la série, parce que c'est toujours dans ce liquide que doivent être amorties les tranches neuves. Tous les autres, excepté le dernier, sont de simples cuviers en bois, sans faux-fond et sans aucun moyen de chauffage, et ils sont placés les uns à côté des autres, sur le même plan. Quant au dernier, il est échauffé de même que le cuvier d'amortissement; et il est placé à un niveau supérieur aux autres cuviers de macération, afin qu'on puisse faire écouler le liquide qu'il contient, dans l'un ou dans l'autre de ces derniers. J'appellerai ce cuvier le *cuvier à l'eau froide*, parce que c'est lui qui reçoit toute l'eau destinée aux macérations. On l'y échauffe et l'on y tient en macération les tranches presque épuisées et qui doivent toujours être évacuées au sortir de ce cuvier. Dans la septième section, je présenterai les détails nécessaires sur la disposition de ces cuviers, et sur les moyens de transporter les tranches de l'un dans l'autre, et de transvaser le liquide, soit des cuviers de macération dans le cuvier d'amortissement, soit du cuvier à l'eau froide dans les cuviers de macération.

J'ai déjà dit, dans mes précédents écrits, que le procédé de macération est fondé sur la connaissance de ce fait, que, lorsque les tranches de betteraves soumises à la coction se trouvent en contact avec de l'eau, il s'opère entre l'eau et les tranches un partage de la matière sucrée, dans la proportion exacte de la masse des deux corps. On se fera peut-être une idée plus nette de ce phénomène, en considérant comme ne formant qu'une seule masse, le liquide qui entoure les tranches et celui qui les pénètre. Nous verrons alors que le sucre et les autres matières solubles contenues dans les tranches, se répartissent avec une égalité parfaite dans toute cette masse de liquide, pourvu qu'on donne à l'action de l'affinité un temps suffisant pour s'exercer. L'expérience montre qu'une demi-heure est plus que suffisante pour que cet effet se produise, avec des tranches découpées à l'épaisseur de trois lignes environ.

Si le liquide de macération n'était pas de l'eau pure, mais une solution déjà chargée à un degré inférieur à celui que contiennent les tranches, le partage s'opérera de même, et l'uniformité s'établira dans toute la masse du liquide en dedans et en dehors des tranches. On peut connaître à l'avance, à l'aide du calcul fort simple dont j'ai parlé dans la troisième section, le degré de densité que présente la masse, en supposant qu'on la forme avec un liquide dont la densité est connue, et des tranches dont la densité est connue aussi, puisqu'elles sortent d'un cuvier où elles étaient en contact avec un liquide dont on a pu constater la densité ou le degré aréométrique : or, nous avons vu que l'on peut admettre que les tranches, après une durée suffisante de la macération, contiennent un liquide d'une densité égale à celui dans lequel elles étaient plongées.

Un petit nombre d'exemples feront facilement comprendre comment s'établit ce calcul. Si l'on place dans un cuvier 100 kilog. de tranches de betteraves dont le jus porte 8° à l'aréomètre et qui offrent en conséquence un total de 800°, avec 100 litres ou kilog. d'eau pure, on a une somme de 800° dans une masse de 200 kilog., ce qui donne 4° par kilog. ; et, en effet, lorsque le tout aura été soumis à la coction, et après une demi-heure de macération, le liquide du cuvier marquera bien 4° à l'aréomètre. Si au lieu de 100 litres d'eau, on en avait mis 200 sur les 100 kilog. de betteraves, on aurait également un total de 800°, mais pour une masse de 300 kilog., puisque l'eau pure n'y apporte pas de degrés ; et en divisant le premier nombre par le dernier, on trouvera que le liquide portera 2,66°, ce qui sera bien en effet la densité que l'on observera dans le liquide après la macération. Si l'on met en contact 100 kilog. de tranches déjà épuisées jusqu'à 4° et qui donnent ainsi 400°, avec 100 kilog. de liquide marquant 2° et présentant ainsi 200°, on aura pour somme totale 600° dans une masse de 200 kilog., ce qui donne 3° au liquide qui résultera de la macération.

L'opération s'exécute dans une série de cuviers contenant du liquide et des tranches à divers degrés d'épuisement ; et elle est dirigée de manière que le liquide de chaque cuvier se verse sur les tranches du cuvier qui lui est immédiatement supérieur en degrés, ou que les tranches de chaque cuvier se transportent dans le liquide de celui qui lui était immédiatement inférieur en degrés. Ce transport du liquide ou des tranches constitue ce que j'appelle *virement;* et l'effet de ces deux manières d'opérer est entièrement le même, puisque le résultat est de mettre constamment en contact le liquide avec des tranches plus riches que lui, afin de le charger davantage de matière sucrée. On obtient un liquide d'autant plus riche et l'on épuise d'autant plus les tranches, que l'on compose la série d'un plus grand nombre de cuviers. En général, avec une série de six cuviers on obtiendra facilement dans le liquide une densité qui ne différera que d'environ un seizième de celle du jus exprimé des mêmes betteraves, en supposant que l'on recueillera 100 litres de liquide pour 100 kilog. de betteraves employées; et l'épuisement sera porté jusqu'au point où les tranches ne contiendront plus que la vingtième partie du sucre contenu primitivement dans les betteraves. La différence entre ces deux fractions vient de ce que les tranches épuisées, lorsqu'on les évacue, sont réduites à 75 ou 80 centièmes du poids des betteraves; en sorte que si le jus exprimé des betteraves portait primitivement 8° et qu'on ait abaissé jusqu'à un demi-degré le liquide contenu dans les tranches évacuées, ces tranches contiennent non pas la seizième, mais seulement la vingtième partie au plus du sucre contenu originairement dans les betteraves; et l'épuisement est dans ce cas porté au même point que si l'on eût extrait par la presse 95 ou 96 centièmes du jus des mêmes betteraves. On peut porter l'épuisement à un point encore plus avancé, en ajoutant à la série un ou deux cuviers; et l'on fera bien, en général, de disposer, outre les deux chaudières ou cuviers échauffés, cinq cuviers de macération, au lieu de quatre, sauf à ne faire usage que de ce dernier nombre lorsqu'on le jugera convenable.

C'était au virement du liquide que je m'étais arrêté dans les opérations dont j'ai publié le résultat, il y a quelques années ; mais je me suis assuré, comme je l'ai déjà dit, que le virement des tranches présente plus de facilité et de promptitude pour le travail, et qu'on peut se garantir complétement des inconvénients que j'y avais trouvés d'abord. C'est donc uniquement du virement des tranches que je vais m'occuper.

En supposant l'appareil disposé comme je l'expliquerai avec plus de détails dans la septième section, nous appellerons *cuvier* ou *chaudière d'amortissement*, celui qui est placé plus bas que les autres. Ceux-ci se trouvent rangés sur un même plan et s'appellent *cuviers de macération*. Parmi ces derniers, celui qui contient le liquide le plus riche en degrés, s'appelle *cuvier de tête ;* et l'on nomme *cuvier de queue* celui dont les tranches sont le plus épuisées et vont être transportées dans le *cuvier à l'eau froide*, avant d'être évacuées. On voit que je donne indifféremment le nom de cuvier ou de chaudière à ce dernier, ainsi qu'au cuvier d'amortissement, parce qu'ils peuvent être l'un ou l'autre, selon le mode de chauffage qu'on veut leur appliquer.

Les virements s'opèrent à chaque demi-heure, c'est-à-dire que dans cet espace de temps, les tranches contenues dans tous les cuviers de macération doivent être transportées d'un cuvier dans un autre. On ne pourrait obtenir, avec six cuviers, du jus enrichi et des betteraves épuisées au degré que je viens de le dire, si l'on voulait recueillir à chaque virement le liquide du cuvier de tête pour le traiter ; mais on obtient ce but en ne récueillant le liquide sucré qu'à chaque heure, c'est-à-dire à chaque deuxième virement. Ce n'est aussi qu'à chaque heure que l'on charge de betteraves fraîches le cuvier d'amortissement, et qu'on évacue les betteraves épuisées du cuvier à l'eau froide. Tout cela bien entendu, voici comment on procède pour la mise en train de l'opération, qui n'est réglée dans son ordre normal qu'après un certain nombre de virements. A cette période, au reste, il faudra ordinairement plus de la demi-heure pour chaque virement, attendu qu'on aura à chaque fois des betteraves neuves à amortir, ce qui exige un espace de temps qui diminuerait trop la durée de la macération dans ce cuvier, à moins qu'il n'y soit appliqué un moyen de chauffage très-énergique.

On mettra d'abord dans le cuvier d'amortissement une charge de betteraves fraîches et de l'eau; mais moins d'eau que de betteraves, parce que les tranches cèdent toujours une portion de leur eau de végétation, pendant l'amortissement. Cette quantité peut varier selon la nature des betteraves et selon les saisons; mais, dans nos opérations, elle a été constamment de 15 à 20 pour $^0/_0$ du poids des betteraves. Je ferai remarquer, au reste, que cette circonstance ne change rien à l'exactitude des calculs que j'ai présentés, relativement au partage de la matière sucrée; seulement, dans les virements suivants, les tranches n'offrent plus le même poids qu'elles avaient étant fraîches; et c'est d'après leur poids réel, relativement à celui du liquide, que se règle le partage de la matière sucrée. Dans la mise en train, le cuvier d'amortissement devant recevoir plusieurs fois successivement des tranches fraîches, on ne doit y mettre en commençant que la quantité d'eau nécessaire pour que les tranches y soient immergées lorsqu'elles auront été soumises à la coction, c'est-à-dire un peu moins d'eau qu'il n'en faut pour que les tranches y plongent entièrement à l'état frais. On chauffera immédiatement, en remuant la masse à différentes reprises. On arrêtera le feu au moment où la masse entrera en ébullition, et on laissera la macération s'opérer dans le cuvier couvert, pendant un peu moins d'une demi-heure. Il convient de brasser une couple de fois les tranches dans le cuvier par des mouvements modérés, pendant la durée de la macération. Les virements s'exécutent ensuite comme je vais l'expliquer.

Premier virement. On enlève les tranches du cuvier d'amortissement et on les transporte dans le cuvier de macération le plus voisin, et que j'appellerai le cuvier A. On verse sur ces tranches une charge d'eau bouillante que l'on avait auparavant fait chauffer dans le cuvier à l'eau froide; et l'on charge de nouveau d'eau froide ce dernier, pour le besoin du virement suivant. On met enfin dans le cuvier d'amortissement une seconde charge de betteraves fraîches.

Si le jus des betteraves porte 8°, le liquide qui restera dans la chaudière d'amortissement, après l'enlèvement des tranches, portera environ 5°, parce que le poids des betteraves dépassait celui de l'eau. Dans la macération avec les nouvelles tranches, le liquide prendra environ 6 $^1/_2$°. Quant au cuvier A, les tranches que l'on y a transportées portaient également 5°; et, dans la macération avec l'eau que l'on y a ajoutée, la masse prendra environ 2 $^1/_2$°.

Deuxième virement. Lorsque la macération sera opérée dans le cuvier d'amortissement, c'est-à-dire 20 ou 25 minutes après que l'ébullition s'y sera manifestée, on transportera les tranches du cuvier A dans celui qui le suit, et que nous nommerons le cuvier B; et l'on versera dessus une charge d'eau bouillante tirée du cuvier à l'eau froide, que l'on chargera aussitôt comme ci-dessus. On transportera les tranches du cuvier d'amortissement dans le cuvier A; et l'on chargera encore le cuvier d'amortissement de tranches fraîches, comme la seconde fois.

Après la macération de ce troisième chargement, le liquide du cuvier d'amortissement marquera environ 7 $^1/_4$°. Le cuvier A, qui était à 2 $^1/_2$°, sera porté à environ 4 $^1/_2$° par la macération avec les tranches du premier virement. Pour le cuvier B, comme on y a porté des tranches marquant 2 $^1/_2$° et de l'eau pure, la masse se trouvera à environ 1 $^1/_4$°.

Troisième virement. On transportera dans un troisième cuvier de macération C les tranches du cuvier B, et l'on y versera de l'eau bouillante comme dans les opérations ci-dessus, en ayant soin d'emplir toujours immédiatement d'eau froide le cuvier qui porte ce nom, et de la faire chauffer promptement. On transportera les tranches du cuvier A dans le cuvier B, et celles du cuvier d'amortissement dans le cuvier A. Comme le liquide du cuvier d'amortissement est déjà assez riche pour être travaillé, on ne le chargera pas cette fois de tranches fraîches, mais on y mettra la chaux pour opérer la défécation dans le cuvier même; on le fera bouillir pendant environ 10 minutes et on le soutirera aussitôt après l'ébullition pour le verser dans le cuvier de dépôt, comme je l'expliquerai au reste avec plus de détails dans la 5ᵉ section.

Quatrième virement. Il se fera comme les précédents, toujours en commençant par le cuvier de queue, c'est-à-dire le cuvier C, dont on mettra les tranches dans un quatrième cuvier D, avec une charge d'eau bouillante, puisqu'elles ne sont pas encore assez épuisées. Les tranches de tous les cuviers seront transportées dans le cuvier immédiatement inférieur; mais il ne se trouvera rien à mettre dans le cuvier A, puisqu'on n'a pas chargé de tranches le cuvier d'amortissement au virement précédent. Aussitôt que les tranches seront sorties du cuvier A, on soutirera le liquide de ce cuvier dans celui d'amortissement, et l'on ajoutera à ce liquide une charge de tranches fraîches.

Si l'on suit les calculs que j'ai indiqués tout à l'heure, on trouvera que le liquide que l'on a ainsi soutiré portait environ 6°, et il est porté à peu près à 7 par la macération avec des tranches fraîches. Comme ce degré est encore un peu faible, il conviendra, au virement suivant, de charger encore une fois ce cuvier de tranches fraîches au lieu de le déféquer; ce qui le portera à environ 7 $^1/_2$, degré qu'il convient d'atteindre dans la chaudière d'amortissement, lorsqu'on est arrivé au virement régulier, en supposant que le jus des betteraves porte 8°.

On a vu que le cuvier à l'eau froide a servi seulement à échauffer l'eau qui doit alimenter le cuvier de queue dans la mise en train; mais, dès qu'on est arrivé au travail régulier, c'est-à-dire dès que l'on a dans un des cuviers de macération des tranches épuisées à un degré ou un peu moins, on les transporte dans le cuvier à l'eau froide avec une charge d'eau pure; et, dès ce moment, ce cuvier est toujours rempli d'eau à chauffer ou d'un mélange de cette eau avec les tranches qu'on vient de tirer du cuvier de macération le plus épuisé. Lorsqu'on évacue les tranches de ce cuvier, on en soutire en même temps le liquide dans un cuvier de macération vide; et c'est dans ce liquide que l'on transporte aussitôt les tranches du cuvier de queue qui ne sont pas encore assez épuisées pour être mises dans le cuvier à l'eau froide.

Ce n'est, comme on l'a vu, qu'après un certain nombre de virements que l'on arrive au travail uniforme sous le rapport de la richesse des divers cuviers; mais, lorsqu'on y est arrivé, on le conserve toujours, quelque temps que l'opération soit continuée. Il faut remarquer aussi qu'à moins que la chaudière d'amortissement ne soit chauffée d'une manière très-énergique, le temps pourra manquer pour que la macération s'y opère complétement avec les tranches fraîches, et ce n'est que dans le premier cuvier de macération que le partage de la matière sucrée s'opérera exactement. Il vaudra donc mieux s'arranger pour ne soutirer le liquide du cuvier de tête dans le cuvier d'amortissement, que lorsque le liquide est parvenu presqu'au degré où on veut l'obtenir pour le travailler. C'est pour cela que je conseille de disposer cinq cuviers de macération, au lieu de quatre qui seraient rigoureusement suffisants.

Le travail des virements se continue en commençant toujours par le cuvier de queue, pour en transporter les tranches soit dans le cuvier à l'eau froide, si l'épuisement est arrivé à un point suffisant pour se compléter dans ce dernier, c'est-à-dire si le liquide porte un degré au plus, soit dans un autre cuvier de macération, si l'épuisement n'est pas encore suffisant. On trouvera que ces deux opérations se font alternativement à chaque deuxième virement; en sorte qu'on a une heure pour échauffer l'eau et opérer la macération dans le cuvier à l'eau froide, dans lequel seul arrive l'eau pure, lorsque les virements sont parvenus à leur état régulier. On vire ainsi successiement tous les cuviers dans le même ordre, jusqu'à celui de tête, dans lequel on transporte les tranches du cuvier d'amortissement, ou dont on soutire le liquide dans ce dernier, selon que le travail l'exige. En travail régulier, on soutire le cuvier de tête à chaque heure, c'est-à-dire à chaque deuxième virement, comme je l'ai déjà dit; ensorte qu'on a une heure pour la durée de l'opération dans le cuvier d'amortissement, de même que dans le cuvier à l'eau froide. A chaque heure, on ajoute une charge de betteraves fraîches dans le cuvier d'amortissement, et à chaque heure aussi on évacue une charge de tranches épuisées.

J'ai supposé dans tout ceci que le cuvier d'amortissement et le cuvier à l'eau froide sont échauffés par des serpentins à vapeur : si ce sont des chaudières chauffées à feu nu, la manœuvre sera entièrement la même; mais alors on devra avoir soin d'étouffer le feu dans le foyer, avant de vider chaque chaudière, et d'y verser immédiatement de nouveau liquide.

Je ne suis peut-être pas parvenu à rendre bien claire à l'esprit cette combinaison de virements; mais, dans le travail, c'est une chose fort simple et qui se comprend bientôt; car l'opération elle-même conduit celui qui la dirige. Pour éviter les méprises, on fera bien de ne jamais intervertir l'ordre des cuviers dans leur proportion décroissante de richesse, c'est-à-dire que la progression doit toujours avoir lieu dans la même direction, par exemple, de gauche à droite, en partant du cuvier d'amortissement, et en suivant toute la circonférence, pour revenir au même point par la gauche, en supposant le cercle des cuviers complet, quand même ils ne formeraient qu'un arc de cercle. Dans cette combinaison, les cuviers qui se trouveront momentanément vides dans la série, seront toujours placés entre le cuvier de tête et le cuvier de queue, qui varient eux-mêmes à chaque virement dans la série; en sorte que chacun des cuviers qui la composent devient à son tour cuvier de tête et cuvier de queue.

Les cuviers doivent être couverts avec soin, dans l'intervalle des virements qu'éprouve chacun d'eux, et on ne les découvre que pendant quelques instants pour brasser la masse une couple de fois, pendant la demi-heure que dure la macération. Lorsque le filet a été descendu dans un cuvier, on étend uniformément la masse des tranches dans le liquide, à l'aide d'une pelle. Au moyen de ces précautions, la température se maintiendra à un degré assez élevé pour écarter tout danger d'altération de la matière sucrée. On a vu, par les expériences dont j'ai parlé, que la masse pouvait s'abaisser sans danger jusqu'à une température de 75° C, pourvu qu'elle n'y reste pas exposée pendant longtemps. Dans nos expériences, elle a été soumise pendant plus d'une heure, sans altération, à une température de 75 à 80°; mais, dans les virements réguliers exécutés avec soin, la température ne descendra jamais certainement aussi bas dans les cuviers du milieu, où elle s'abaissera le plus : car, le liquide arrivant bouillant à la queue de la série, pendant que les tranches de betteraves arrivent par la tête au même degré, la température sera facilement conservée, dans toute la série, à un degré qui s'éloignera peu de celui de l'ébullition de l'eau.

Je n'ai pas déterminé avec précision la quantité d'eau qui formerait la *charge* que l'on verse à chaque fois dans le cuvier à l'eau froide : cette quantité pourra varier, en effet, selon le degré de richesse des betteraves, selon qu'elles cèdent une plus ou moins grande quantité d'eau au moment de l'amortissement des tranches; enfin, selon le résultat que l'on veut obtenir, relativement à la richesse du jus dans le cuvier de tête et à l'épuisement plus ou moins complet des tranches dans le cuvier de queue. Il y aura bien peu de cas où il convienne d'employer, pour la charge d'eau, un poids supérieur à celui de la charge de betteraves fraîches; et il conviendra, dans quelques cas, d'abaisser la charge d'eau jusqu'à 75 ou $^{80}/_{100}$ de la charge de betteraves. Quelques tâtonnements feront bientôt connaître les résultats que l'on obtient avec telle charge d'eau. Il conviendra de diminuer la charge d'eau, si l'on tient à obtenir le jus à un degré fort élevé, et surtout avec des betteraves qui céderaient, au moment de l'amortissement, une grande quantité de leur eau de végétation. Dans le cas, au contraire, où l'on aurait pour but principal d'épuiser presque complétement les tranches, et où le combustible serait à bas prix, ensorte qu'on attachât peu d'importance à un demi-degré ou un degré de densité de moins, on pourrait augmenter la quantité d'eau.

Il est certain, en effet, que l'intérêt du fabricant est tout différent, selon la position où il se trouve, non seulement sous le rapport du prix du combustible, mais aussi sous le rapport de l'emploi qu'il peut faire des résidus, c'est-à-dire des tranches épuisées. Si c'est un cultivateur qui les emploie à la nourriture de son bétail, il peut fort bien lui convenir de laisser dans les tranches $^1/_3$ ou $^1/_4$ de la matière sucrée, comme cela a lieu communément dans le travail des râpes et des presses, et il obtiendra seulement ce résultat avec beaucoup moins de travail et de dépenses. Dans ce cas, il ne versera sur le cuvier de queue qu'une faible proportion d'eau et n'emploiera que 3 ou 4 cuviers de macération, peut-être seulement 2. Au contraire, le fabricant pour qui les résidus ne présentent que peu de valeur, s'attachera à obtenir un épuisement aussi complet qu'il est possible. Il atteindra ce but seulement en augmentant le nombre des cuviers de macération, s'il veut obtenir un degré élevé de richesse dans le jus; et, s'il a le combustible à très-bas prix, il pourra obtenir le même effet sans multiplier les cuviers, mais en accroissant la proportion d'eau à verser sur le cuvier de queue. La macération se prête avec la plus grande facilité à ces diverses combinaisons.

Dans les petites fabriques jointes à une exploitation rurale où l'on voudra faire consommer les résidus à mesure par les bestiaux, on pourra aussi ne travailler que dix ou douze heures par jour, ou même moins; et, comme on n'emploiera dans ce cas qu'un petit nombre de cuviers, il n'y aura que fort peu de chose à perdre sur la quantité de sucre obtenu, au moment où l'on cessera le travail; et cette perte est sans importance pour le cultivateur, puisque son bétail en profitera. Quant à ceux qui ont pour but d'épuiser les betteraves le plus complétement possible, ils devront toujours adopter le travail continu, c'est-à-dire ne discontinuer le travail des virements qu'une fois par semaine, pour le repos du dimanche.

Je ne prétends certes pas que l'ordre que j'ai indiqué pour la série des virements soit le seul qu'il soit possible d'adopter. On pourra peut-être y introduire avec avantage quelque autre combinaison ; mais, d'après ce qui s'est passé jusqu'ici relativement à l'adoption de la macération, il m'est bien permis de m'efforcer de prémunir l'industrie contre des combinaisons qui, sous le prétexte d'améliorer ou de simplifier le travail, s'écarteraient des principes fondamentaux sans lesquels la macération ne peut obtenir un succès réel. La combinaison de virements que j'ai indiquée présente un succès assuré. J'engage donc vivement les personnes qui seraient disposées à faire quelque chose en ce genre à l'adopter d'abord, sauf à la modifier ensuite selon les indications de l'expérience.

SECTION V.

De la Défécation.

Les liquides provenant de la macération peuvent se déféquer avec les mêmes quantités de chaux que les jus exprimés. On peut même les déféquer, c'est-à-dire les rendre limpides, avec une dose de chaux moindre; mais nous avons toujours remarqué que le liquide et les sirops qui en provenaient étaient plus colorés et se traitaient moins bien à la cuite. Il a toujours paru convenable d'employer une proportion de chaux suffisante pour qu'il se manisfestât une *forte pellicule* sur le liquide déféqué, et l'on n'a obtenu de beaux sirops qu'avec cette condition. On a beaucoup varié les doses de chaux, et jamais l'excès ne s'est montré nuisible dans nos opérations. L'expérience démontrera ultérieurement s'il est vrai, comme ce fait tendrait à le faire croire, que les jus de macération diffèrent, sur ce point, de ceux d'expression.

Il est impossible de déterminer, même en supposant identité dans la qualité des liquides, la quantité de chaux nécessaire pour que la pellicule se manifeste franchement, comme cela doit toujours avoir lieu. On a employé fréquemment, dans nos opérations, une chaux maigrç du pays, excellente pour les mortiers et les ciments, mais très-peu riche en subtance calcaire, et dont il fallait mettre jusqu'à 15 grammes, à l'état d'hydrate, par litre de liquide, pour qu'on aperçût la pellicule; tandis qu'on obtenait cet effet avec 4 ou 5 grammes d'une chaux grasse que l'on emploie également en Lorraine pour les mortiers.

La défécation a été pour nous l'objet de nombreuses recherches, et pendant longtemps on a éprouvé de grandes difficultés, parce qu'on s'efforçait constamment de reproduire les mêmes phénomènes que l'on observe dans ce qu'on appelle une belle défécation, lorsqu'on traite des jus exprimés; mais cela est impossible avec du jus de macération, parce que ce liquide est trop pur pour qu'il s'y forme des écumes denses et abondantes, comme dans les anciennes défécations. En effet, ces écumes sont composées d'une multitude de débris solides du végétal, qui se trouvent toujours mélangés dans le jus exprimé; et ces débris, enveloppés par les flocons qui se forment au moment de la défécation, leur donnent une consistance qui en facilite la séparation sous forme d'écumes : mais le jus de macération, déjà transparent avant la défécation, et ne contenant aucun débris solide, ne peut former, par l'action de la chaux, qu'un précipité qui diffère assez peu de pesanteur spécifique avec le liquide dans lequel il est en suspension, mais qui a plus de disposition à se réunir au fond, sous forme de dépôts, qu'à monter en écumes à la surface. Il résulte de là que c'est sous forme de dépôts qu'il faut le recueillir; et on y parvient facilement, comme je le dirai tout à l'heure.

Sans doute, il ne serait pas impossible de trouver une matière coagulante au moyen de laquelle on pût déterminer le précipité à monter à la surface en forme d'écumes. J'ai remarqué que tous les fabricants qui ont été témoins de nos opérations se laissaient facilement séduire par cette idée ; et l'emploi du lait se présentait tout naturellement à leur esprit : mais ce n'est là que l'effet naturel de l'habitude que l'on a contractée, de juger ce que l'on appelle une défécation normale. Il faut que l'on se persuade bien que ce qui était normal pour une espèce de jus, peut fort bien ne plus l'être dans un procédé où le jus n'est plus composé de même. Quant à moi, je n'ai pas voulu même faire l'essai du lait, qui, je l'avoue, m'inspire beaucoup de défiance. En effet, il s'agit ici d'employer le lait dès le début de l'opération, c'est-à-dire lorsque le volume du liquide à clarifier exige nécessairement que l'on emploie cette substance en grande proportion relativement à la matière sucrée que le jus contient : mais toutes les parties constituantes du lait ne seront certainement pas coagulées et enlevées avec les écumes : on ne sait pas même si la totalité de la partie caséeuse sera séparée ainsi du liquide ; mais toutes les autres parties constituantes y resteront certainement en dissolution, et se concentreront de même que la matière sucrée et les autres parties constituantes du jus, à mesure que l'évaporation diminuera le volume du liquide. La pureté du sirop en sera nécessairement altérée, et peut-être d'une manière très-fâcheuse. Quoiqu'il en soit, nous obtenions avec facilité des sirops très-purs sans cette addition ; et je n'ai pas voulu courir les chances auxquelles elle pouvait nous exposer, sans autre but que de satisfaire aux habitudes que les fabricants ont contractées dans le traitement des jus obtenus par un autre procédé. Je ne réprouve pas positivement l'emploi du lait, ou d'autres matières qui pourraient produire un effet analogue ; mais je pense que les personnes qui voudront mettre en pratique le procédé de macération, feront bien de commencer par employer le procédé que je vais décrire : si elles veulent ensuite faire l'essai de l'emploi du lait, elles pourront du moins apprécier la pureté relative des sirops obtenus par l'un et l'autre moyen.

Depuis que nous avons employé le filet pour opérer les virements, la défécation a été faite avec la plus grande facilité dans le cuvier d'amortissement lui-même, en y ajoutant la chaux, lorsque les tranches en ont été tirées, et après avoir enlevé le faux-fond qui gênerait la précipitation du dépôt. Lorsque la chaux a été bien mélangée dans le liquide, on porte celui-ci à l'ébullition, que l'on continue pendant dix minutes, circonstance de rigueur pour que la précipitation s'opère bien ; ensuite, lorsque l'ébullition a cessé, on enlève soigneusement les écumes, s'il y en a, et l'on couvre le cuvier pour le laisser en repos. Au bout d'une heure ou deux, on soutire par le robinet placé près du fond du cuvier, et en l'ouvrant avec modération, afin que l'écoulement ne s'opère pas trop vite. Les premiers litres passent troubles ; mais le liquide s'éclaircit bientôt et coule parfaitement limpide, dans la proportion d'environ les quatre cinquièmes de la masse ; le dépôt n'occupe pas plus de volume que les écumes dans les défécations ordinaires. Je dois seulement prévenir que les toiles de chanvre, dont on forme ordinairement les sacs, ne conviennent nullement pour la filtration des dépôts des jus de macération ; mais la toile commune de coton pelucheuse y convient parfaitement bien, et la filtration s'y opère aussi promptement que celle des écumes dans la toile de chanvre.

Le dépôt s'opère également bien lorsqu'on soutire le liquide immédiatement après les dix minutes d'ébullition, pour le verser dans un autre cuvier destiné à cet usage, et qui doit également rester couvert pendant le repos. Il est évident que c'est cette dernière marche que l'on doit suivre dans le travail continu, afin que le cuvier d'amortissement devienne libre immédiatement pour une autre opération. Il est donc nécessaire de placer, près du cuvier d'amortissement, deux ou trois cuviers de dépôt ayant chacun la moitié de la contenance du cuvier d'amortissement, et munis de leur couvercle. Le dépôt s'opère mieux lorsque ces cuviers sont construits en forme de *tinettes*, c'est-à-dire plus larges du bas que du haut. Lorsqu'on soutire le liquide de ces cuviers, on verse dans les sacs à filtrer le premier liquide, qui passe trouble, et ensuite le dépôt qui se trouve au fond du cuvier.

La qualité de la chaux employée à la défécation n'est nullement indifférente pour la promptitude avec laquelle se forme le dépôt. J'ai dit que nous avions employé deux espèces de chaux, l'une grasse et fort riche en matière alcaline, et l'autre maigre, dont on était forcé d'employer une quantité triple ou quadruple de la première, pour obtenir le même effet de défécation : malgré ce désavantage apparent, c'est à cette dernière que nous avons donné la préférence pour nos défécations, parce qu'avec elle le dépôt se forme plus promptement et reste moins volumineux. On fera donc bien d'essayer, dans chaque localité, les espèces de chaux que l'on peut avoir à sa disposition, et d'observer les effets qu'elles présentent pour la précipitation du dépôt.

SECTION VI.

Traitement des Sirops après la défécation.

Les procédés dont j'ai à parler ici sont les mêmes dont on fait usage pour les jus obtenus par expression. Je crois devoir toutefois entrer dans quelques détails sur ce sujet, dans l'intérêt des personnes qui voudraient établir de petites fabriques par le procédé de macération, sans avoir suivi les opérations des grands établissements.

§ 1er. *Première filtration et première concentration.*

A mesure que le jus déféqué s'écoule clair du cuvier de dépôt, comme je l'ai dit dans la section précédente, il est versé dans le réservoir qui alimente un filtre de noir animal; et l'on emploie à cette filtration un filtre qui a servi à une filtration précédente à 15°.

Le liquide, au sortir du filtre, est reçu dans un réservoir qui doit contenir la charge d'une des chaudières destinées à la première concentration. Dans les petites fabriques, de simples cuveaux forment ces réservoirs. Dès qu'une de ces chaudières est libre, on y verse cette charge, et l'on ranime le foyer, afin de pousser vivement la concentration, qui doit être conduite jusqu'à 15° froid en une heure au plus. En supposant que le cuvier de défécation contient la charge de deux chaudières, la seconde sera chargée une demi-heure après la première; et le travail continuera ainsi, en chargeant et en soutirant une chaudière à chaque demi-heure.

Lorsqu'on a soutiré du cuvier de dépôt tout le liquide qui s'écoule clair, on verse dans les sacs la partie trouble ou le dépôt; on y a déjà mis en commençant la petite partie qui a coulé trouble au moment où l'on a ouvert le robinet. A mesure que le liquide s'écoule clair en sortant des sacs, on le réunit à la masse dans le réservoir qui doit alimenter le filtre à noir; mais on doit éviter d'y mettre jamais du liquide trouble : on reverse dans les sacs celui qui est dans ce cas. Les mêmes sacs servent aux filtrations tant qu'ils ne sont pas obstrués; alors on les remplace par des sacs propres.

§ II. *Deuxième filtration et deuxième concentration.*

Lorsqu'on vide une chaudière de première concentration, le contenu est porté immédiatement dans un réservoir placé au-dessus d'un filtre qui a déjà servi à la filtration à 30°, et cette filtration s'opère comme la première. Le liquide est reçu, au-dessous du filtre, dans un réservoir qui contient la charge de la chaudière destinée à la seconde évaporation; et on l'y verse aussitôt que cette chaudière est vide. La concentration s'y opère jusqu'à 30° froid, ou 25 à 26° chaud.

§ III. *Troisième filtration et cuite.*

Le sirop à 30° est porté dans un réservoir qui prend son écoulement sur un filtre de noir neuf; et il est reçu au bas de ce filtre dans un réservoir qui doit avoir assez de capacité pour contenir à peu près le sirop que l'on obtient dans les 24 heures, attendu qu'il convient ordinairement de ne procéder à la cuite que pendant quelques heures chaque jour.

La proportion de noir que l'on emploie varie beaucoup, selon les fabriques. On voit qu'il n'est question ici que de celui que l'on emploie à la troisième filtration, attendu que les mêmes filtres servent successivement à la deuxième et à la première filtration des opérations suivantes. Cette marche a pour but, d'abord d'épuiser la propriété décolorante du noir, et ensuite d'enlever, par un lavage opéré à l'aide d'un liquide moins riche, le sirop qui était resté adhérent au noir. De cette manière, il ne reste dans les filtres, après leur usage, qu'un peu de liquide au plus faible degré de densité. Dans quelques fabriques on emploie le noir dans une proportion qui dépasse le poids du sucre obtenu; et le minimum de la proportion dont on fait usage est, je pense, d'environ 35 pour % du poids du sucre. Plus généralement on l'emploie dans la proportion de 50 pour %.

Pour procéder à la cuite, on verse du sirop dans la chaudière à bascule, à la hauteur de 2 ou 3 pouces. Si le fond de cette chaudière est bien plan et n'a pas de bosselures, on peut ne mettre qu'une petite épaisseur de sirop, ce qui est toujours préférable, parce que la cuite se faisant plus promptement, le sirop éprouve moins d'altération. Mais le sirop devant se réduire encore à peu près à moitié pendant la cuite, quelques parties du fond de la chaudière pourraient se trouver à nu s'il n'était pas bien uni, et si on le chargeait d'une trop faible épaisseur de sirop. On pousse le feu vivement, et la cuite se termine en six ou dix minutes, selon l'épaisseur du sirop. Si ce dernier se boursoufle pendant la cuite, on modère cet effet en agitant vivement l'écumoire dans la partie supérieure des écumes, mais jamais au fond de la chaudière. Si les écumes montent trop, on projette dans la chaudière un petit morceau de beurre, à peu près du volume d'une noisette, ce qui les abaisse aussitôt. On ne doit pas toutefois abuser de ce moyen; et il est rare qu'il convienne de l'employer deux fois pour la même cuite.

On reconnaît de diverses manières ce que l'on nomme le point de la cuite, c'est-à-dire le degré de concentration auquel le sirop est dans un état convenable pour éprouver une bonne cristallisation en se refroidissant : 1° en retirant l'écumoire du sirop bouillant, on passe vivement l'extrémité de l'index sur la surface, pour y prendre un peu de sirop; approchant ensuite ce doigt du pouce et l'élevant aussitôt, il se forme entre les deux doigts, dès que le sirop approche du terme de cuite, un filet qui s'étend d'autant plus que le sirop est plus concentré. Lorsqu'en élevant l'index d'une couple de pouces au-dessus de l'autre doigt, le filet se rompt plus près du pouce que de l'index, lorsque la partie supérieure se replie lentement sur elle-même en formant une espèce de *tire-bouchon* ou *crochet* à son extrémité, alors la cuite est à son point. 2° En retirant l'écumoire du sirop bouillant, si l'on souffle sur une de ses faces en l'approchant de la bouche et en la plaçant verticalement, le sirop forme des bulles sur l'autre face de l'écumoire, lorsqu'il approche du degré de la cuite; et si le sirop est à ce dernier degré, les bulles, au lieu de rester adhérentes à l'écumoire, s'en détachent et sont lancées par le souffle à une certaine distance de l'écumoire. 3° Si l'on puise avec une cuiller une quantité de sirop équivalant à peu près au volume d'un œuf de pigeon, et qu'on le verse dans de l'eau froide contenue dans une jatte ordinaire à café au lait, le sirop gagne aussitôt le fond de l'eau; si l'on y introduit les doigts pour essayer de réunir le sirop en une boulette, il se délaiera dans l'eau s'il n'est pas assez concentré; mais lorsqu'on peut, en l'agitant légèrement avec les doigts, en former une boulette pâteuse assez consistante pour qu'on ramène entièrement la masse hors de l'eau en la soulevant, alors le sirop est à son degré de cuite. Il faut, au reste, un peu d'habitude pour apprendre à faire usage de ces divers moyens d'appréciation; et les commençants feront bien de les employer simultanément, jusqu'à ce qu'ils soient bien familiarisés avec leur usage. Aussitôt que l'on juge que la cuite est à son point, on fait faire la bascule à la chaudière pour la vider dans une bassine placée au-dessous, et l'on y verse immédiatement une autre charge, en ouvrant le robinet d'un réservoir à sirop qui doit être placé à côté.

Il est bon de réunir plusieurs cuites dans le même vase, en remuant le mélange à chaque fois, attendu que comme il est fort difficile que toutes les cuites soient amenées précisément au point convenable, la masse présente un terme moyen. On reconnaît que les cuites ont été trop *serrées*, c'est-à-dire que le point convenable a été dépassé, lorsque le sucre se prend en masse trop dense dans les cristallisoirs, et lorsque la mélasse s'en écoule lentement et en trop petite quantité. S'il y a eu, au contraire, défaut de cuite, la cristallisation est lente, et il ne se forme pas assez de *grain* pour occuper toute la masse contenue dans le cristallisoir. Il vaut mieux, au reste, pécher par ce dernier défaut, parce que le grain du sucre en est plus beau, et que l'on obtient aussi de plus beaux produits par la recuite des mélasses. On cherche, en général, à diriger la cuite de manière à obtenir, en sucre de première cristallisation, la moitié du poids de la masse grenée, et par la recuite de la mélasse, on obtient encore moitié de son poids en sucre, mais de qualité inférieure. On peut encore recuire la mélasse une troisième fois, lorsque les cuites ont été peu serrées dans les deux premières.

§ IV. *Mise en cristallisoirs et purgation.*

Quels que soient les vases que l'on emploie comme cristallisoirs, ils doivent être placés dans une purgerie échauffée constamment à une douce température, afin de faciliter la *purgation*, c'est-à-dire l'écoulement de la mélasse, qui perd beaucoup de sa fluidité à une basse température. On doit maintenir la purgerie à 12 ou 13° au moins, division de Réaumur : 15 ou 18° valent encore mieux.

Lorsqu'on emploie des cristallisoirs revêtus en feuilles de métal, on peut les remplir en y versant le sirop sortant de la chaudière de cuite, et en agitant le mélange à chaque fois ; mais lorsqu'on fait usage de cristallisoirs de bois, il serait difficile d'éviter les fuites, si on y versait le sirop aussi chaud ; on réunit donc alors plusieurs cuites, ou même toutes les cuites d'un jour, dans un vase en cuivre rond et peu élevé, que l'on nomme *rafraîchissoir*. On y laisse le sirop, en le remuant à diverses reprises, jusqu'à ce qu'il s'y soit formé une certaine quantité de grain par le refroidissement. On emplit alors les cristallisoirs, en ayant soin de bien mélanger la masse, afin que le grain déjà formé soit également réparti entre les cristallisoirs.

La cristallisation est plus ou moins prompte, selon le volume des vases, selon la température de la purgerie, et selon que les cuites ont été plus ou moins serrées : ordinairement elle est complète au bout de 24 heures au plus. On débouche alors l'ouverture inférieure des cristallisoirs, et l'écoulement de la mélasse s'opère en huit ou quinze jours, ou même d'avantage, selon le degré de cuite et la qualité plus ou moins pure de la matière.

§ v. *Arrangement des filtres à noir.*

Le noir ou charbon animal que l'on emploie aux filtrations doit être en grains dont les plus petits sont du volume de la poudre fine de chasse, et les plus gros du volume de la graine de millet. Il doit être bluté ou tamisé, afin d'en séparer la poudre fine, qui s'opposerait à la filtration. Le noir en grains contient néanmoins toujours un peu de cette dernière, dont une partie est entraînée par les premières portions du sirop filtré. On rejette ces portions dans le réservoir supérieur, jusqu'à ce que le sirop coule limpide.

Les cuveaux-filtres étant préparés, comme je le dirai en parlant de la construction des appareils, on place sur le faux-fond une couche mince de bûchettes de bois de sapin fendu menu, à peu près comme des allumettes. Cette couche a pour but d'empêcher que la toile pose directement sur le faux-fond, ce qui fait qu'elle est perméable sur tous les points de sa surface. On pose sur cette couche une toile claire sur laquelle on place le noir, en le tassant bien également dans toutes les parties de la masse. Lorsqu'on en a mis une épaisseur de 15 à 18 pouces, on unit bien la surface, on place par-dessus une légère couche de bûchettes comme au bas, et on la recouvre d'une toile claire sur laquelle on pose le faux-fond mobile, que l'on assujettit au moyen des trois taquets placés au pourtour du cuvier. Lorsque la toile placée sous le faux-fond supérieur s'obstrue par les dépôts que contiennent toujours les sirops, on la remplace par une autre toile propre.

§ VI. *Préparation et revivification du noir animal; ses propriétés.*

On trouve aujourd'hui à acheter, dans beaucoup de localités, du noir ou charbon animal tout préparé; mais comme c'est l'objet d'une assez forte dépense, beaucoup de personnes pourront préparer avec économie le noir dont elles ont besoin, surtout dans les lieux où l'on ne recueille pas les os pour le service des fabriques de produits chimiques, où l'on se livre en général à la préparation du noir. Tout les os sont propres à cet usage, et l'on peut souvent se procurer à très-bas prix ceux qui sont disséminés dans la campagne, et qui proviennent des animaux morts ou abattus depuis plus ou moins longtemps.

La préparation que reçoivent les os pour être convertis en charbon animal consiste à les calciner à l'abri du contact de l'air, c'est-à-dire dans des vases clos. On y emploie ordinairement des cylindres en fonte placés horizontalement, et qui traversent un fourneau où ils sont fortement échauffés. Le cylindre est ouvert seulement à une de ses extrémités, et cette ouverture se ferme au moyen d'un obturateur ou tampon que l'on peut faire en terre cuite ou en pierre résistant bien au feu, et qui n'est percé que d'une petite ouverture par où s'échappent les gaz pendant la calcination. On emplit le cylindre d'os concassés, afin d'y en loger une plus grande quantité, et l'on chauffe au rouge cerise. On continue le feu jusqu'à ce qu'il ne se dégage plus de gaz d'une odeur fétide, ce qui exige communément 24 à 36 heures. On peut y employer aussi deux marmites en fonte que l'on emplit d'os, en renversant la marmite supérieure sur l'ouverture de la marmite inférieure, et en lutant le joint avec de l'argile, dans laquelle il se forme assez de fissures pour le dégagement des gaz. On place ces marmites dans un four ou dans un fourneau disposé à cet effet, et l'on maintient la chaleur au degré du rouge cerise, jusqu'à ce qu'il ne se dégage plus de gaz, ce qu'on reconnaît facilement à la cessation de l'odeur fétide. La calcination est alors terminée, et l'on place dans des étouffoirs le charbon qu'on tire du cylindre ou des marmites.

Il ne s'agit plus que de le réduire en poudre grossière pour le rendre propre à l'usage: cette opération peut s'exécuter de différentes manières, mais on y emploie communément une meule tournant verticalement dans une auge circulaire. On tamise ensuite, afin de séparer de la masse ce qui a été réduit en poudre trop fine et ne se laisserait pas facilement pénétrer par le liquide dans la filtration. Si la calcination des os avait été incomplète, on s'en aperçoit à la saveur désagréable que le noir communique aux sirops.

Le noir animal exerce sur les sirops une propriété décolorante très-remarquable. Mais son effet ne se borne pas là dans les procédés de fabrication : les ouvriers disent que le noir *dégraisse* le sirop, parce qu'en effet ce dernier conserve beaucoup plus de fluidité après sa concentration, lorsqu'il a été passé sur le noir. Cette substance jouit aussi de la propriété d'absorber, jusqu'à un certain point, la chaux qui se trouve en excès dans les sirops.

On revivifie le noir animal qui a été employé aux filtrations, c'est-à-dire qu'on lui restitue ses propriétés, en le calcinant de nouveau. A cet effet, on mêle le noir à beaucoup d'eau, on l'y agite fortement, puis on verse l'eau lorsque le noir s'est déposé. On le lave ainsi successivement dans plusieurs eaux, jusqu'à ce que le liquide en sorte clair; et l'on étend le noir sur de grandes surfaces, pour qu'il se sèche. On le calcine ensuite, en le faisant chauffer au rouge cerise, dans des appareils semblables à ceux qui servent à la préparation du noir. On reconnaît que l'opération est terminée lorsque le noir en calcination ne laisse plus échapper d'odeur.

On emploie aussi à la revivification d'autres appareils de divers genres, comme des fours, ou des plaques de fonte échauffées par-dessous jusqu'au rouge obscur, et sur lesquelles on place le noir à une petite épaisseur et en contact avec l'air. Comme la température n'est pas très-élevée, et comme le noir y reste exposé pendant peu de temps, la perte qu'on éprouve par la combustion d'une certaine quantité de charbon animal n'est pas très-importante. Le noir revivifié par les divers procédés s'emploie de même que le noir neuf; et l'on y ajoute à chaque fois une certaine quantité de ce dernier, afin de remplacer la perte qu'on éprouve toujours dans l'opération. On considère généralement, toutefois, le noir revivifié comme possédant une puissance décolorante inférieure à celle du noir neuf; mais cette différence peut varier selon les procédés employés pour la revivification. Les inventeurs de quelques appareils assurent que le noir que l'on obtient en les employant est de même qualité que le noir neuf.

SECTION VII.

Disposition et dimensions de l'atelier.

Un local très-étendu n'est pas nécessaire pour un atelier de fabrication par le procédé de macération. Les cuviers sont ce qui occupe le plus d'espace; et ils en occuperont en général moins que ne faisait le manége seul, dans le système de râpage. D'après le diamètre des cuviers que l'on voudra employer, il sera facile de déterminer la place qu'ils devront occuper, soit qu'on veuille les ranger en ligne droite, soit qu'on les dispose en cercle ou en arc de cercle, pour faire exécuter le service des virements à l'aide d'une grue. D'après ce que je dirai dans la section suivante sur le nombre et le diamètre des chaudières qui devront être employées à l'évaporation et à la cuite, il sera facile de déterminer aussi l'emplacement qu'elles devront occuper. Il faudra de plus loger près de la chaudière d'amortissement le coupe-racines, ainsi qu'un emplacement suffisant pour recevoir les betteraves lavées, destinées à être consommées, pendant douze ou quinze heures, afin qu'on ne soit pas forcé de les transporter pendant la nuit. Il faudra aussi pouvoir loger dans l'atelier un petit approvisionnement de combustible, ainsi que de noir. Le reste de l'emplacement sera destiné à recevoir les cuviers de dépôt des défécations, les filtres, ainsi que les vases où l'on reçoit le sirop avant et après la filtration ; et enfin, près des cuviers de dépôt, l'appareil à sacs où l'on filtre les dépôts de la défécation. Tous ces objets ne devront pas être trop rapprochés les uns des autres, afin qu'il y ait de la place pour circuler librement partout ; et l'intelligence du fabricant placera chaque objet au lieu le plus commode pour le service. Au total, avec un emplacement de 35 pieds de longueur sur 20 pieds de largeur et 15 pieds de hauteur, on pourra loger commodément tous les appareils d'un atelier où l'on emploierait des cuviers de deux hectolitres de contenance, et où l'on fabriquerait en conséquence 2,400 k. de betteraves en vingt-quatre heures. Le local doit avoir de larges ouvertures par le haut, pour la sortie des vapeurs, qui s'y produisent en abondance, à moins qu'on n'adopte des cheminées en bois placées sur chaque chaudière, et qui conduisent au dehors la vapeur qui s'en dégage, comme on le fait aujourd'hui dans plusieurs grands établissements. Il est nécessaire qu'on y ait en outre de l'eau, soit au moyen d'une fontaine, soit à l'aide d'un puits, muni d'une pompe qui élève l'eau jusqu'au-dessus du niveau de la *chaudière à l'eau froide*. La quantité d'eau dont on peut disposer doit être à peu près égale à celle du jus que l'on veut obtenir dans un temps donné ; et, si l'on y ajoute un quart ou la moitié en sus de cette quantité, pour le service du lavage des chaudières, des sacs et autres ustensiles, on pourra suffire grandement à tous les besoins.

Outre ce local, il en faudra un autre pour la mise en forme ou en cristallisoirs et pour la purgation. Celui-ci, que l'on nomme la *purgerie*, devra être bien fermé et pouvoir être échauffé par un poële. Il convient qu'on puisse y loger la fabrication d'un mois, au moins, dans les cristallisoirs, quoique la purgation ne dure pas aussi longtemps. Si l'on voulait y claircer ou y terrer le sucre, il faudrait donner plus d'étendue à ce local. On y ménagera toujours l'espace par l'emploi de cristallisoirs de grandes dimensions et de forme élevée. Enfin, le sucre, en sortant des cristallisoirs, se logera sur des greniers où on devra le remuer souvent à la pelle.

Dans les grands établissements, on dispose généralement l'atelier de manière à diminuer autant qu'on le peut les transvasements à bras du jus ou des sirops, et l'on préfère élever le jus une seule fois à une hauteur un peu considérable, afin qu'il s'écoule ensuite de lui-même sur les filtres et dans les appareils d'évaporation. Ainsi, dans le système de défécation par dépôt, on pourrait élever beaucoup les cuviers de dépôt, et y porter le liquide à l'aide d'une pompe foulante, au sortir de la chaudière où la chaux avait été ajoutée.

Après le dépôt, le liquide s'écoulerait sur les premiers filtres de noir animal, et de là dans les chaudières où il doit être évaporé, ou dans un réservoir intermédiaire qui recevrait la charge d'une chaudière, pour la verser dans celle-ci aussitôt qu'elle aurait terminé l'évaporation de la charge précédente. De cette chaudière, si on peut la placer à une hauteur suffisante, le liquide concentré s'écoule dans le réservoir du second filtre à noir, et au-dessous de ce dernier se trouve encore un réservoir d'où le sirop s'écoule, soit dans la chaudière de cuite, si cette seconde filtration a eu lieu à environ 30°, soit dans une seconde chaudière d'évaporation, si la filtration a été opérée à 15°, pour en opérer encore une troisième à 30°, comme cela est préférable pour la qualité du sucre.

On comprend facilement que c'est pour les jus ou les sirops encore fort peu chargés, qu'il importe le plus d'éviter des transvasements à bras, parce que le volume du liquide est beaucoup plus considérable alors, que lorsque les sirops sont plus concentrés. Ces dispositions sont, au reste, de peu d'importance pour les petites fabrications où le contenu d'un cuvier ou d'une chaudière peut être transvasé en quelques instants et en quelques seaux, d'un vase dans un autre. Toutes les fois qu'un ouvrier peut verser ainsi, sans se déplacer, dans un vase, le liquide qu'il recueille à la sortie d'un autre, c'est-à-dire lorsque ces deux vases sont très-rapprochés, et que la hauteur à laquelle il faut élever le liquide n'excède pas un mètre, le transvasement s'opère avec plus d'économie qu'on ne pourrait le faire par une pompe ou par tout autre moyen mécanique mu à bras d'homme; car tous les frottements et tous les dérangements de la machine sont économisés par l'emploi des seaux. C'est là une vérité qu'ont reconnue, dans beaucoup de circonstances, des ingénieurs qui avaient à élever de grandes masses d'eaux à bras d'hommes, dans des travaux d'épuisement. C'est donc seulement dans les cas où l'on peut appliquer au mécanisme destiné à élever l'eau, un moteur plus économique que les bras de l'homme, que ce mécanisme peut présenter des avantages réels, parce qu'il ne peut être remplacé, dans ce cas, par le travail des seaux. On doit donc peu se préoccuper, dans les petits ateliers, d'établir les appareils en cascades, comme je viens de le dire; mais tout devra être disposé avec intelligence, de manière que les transvasements puissent s'opérer avec le moins d'embarras qu'il est possible.

SECTION VIII.

Construction des appareils.

§ 1er. *Du coupe-racines et du cuvier dans lequel tombent les tranches.*

Le coupe-racines que nous avons toujours employé à découper les betteraves est composé d'un disque vertical armé de quatre couteaux, et qui est mis en mouvement, à l'aide d'une manivelle, par un ou deux ouvriers placés derrière la machine. Cet appareil est du même genre que ceux qui servent à découper les racines pour la nourriture du bétail ; seulement la construction doit en être plus soignée, parce qu'il importe, pour la macération, que les tranches soient d'épaisseur uniforme. Les quatre couteaux doivent donc être placés parfaitement dans le même plan, et raser de très-près la face antérieure de la trémie, surtout dans sa partie inférieure, afin qu'il ne puisse s'échapper par là aucun morceau de racines. La trémie doit être circulaire, c'est-à-dire que ses deux faces latérales sont courbes, et décrivent des arcs de cercle à peu près concentriques à la circonférence du disque. Lorsque la face de la trémie représente un rectangle, comme dans l'ancienne construction des coupe-racines, le découpage marche très-mal, parce qu'une portion des racines qui se présentent à l'orifice de la trémie n'est pas soumise à l'action des couteaux ; et cette portion, s'appuyant contre le disque, empêche la masse de descendre uniformément, comme cela a lieu dans la trémie circulaire.

Le coupe-racines doit être placé près de la chaudière d'amortissement, et les tranches pourraient, à la rigueur, tomber dans cette dernière, à mesure qu'elles s'échappent du coupe-racines ; mais il convient mieux de les faire tomber directement dans un cuvier intermédiaire placé à côté de la chaudière d'amortissement, et dans le cercle de l'action de la grue, de manière que cette dernière puisse transporter en un instant le filet qui contient les tranches de ce cuvier dans la chaudière. C'est donc dans ce cuvier, lorsqu'il sera vide, que l'on étendra le filet pour recevoir les tranches au sortir du coupe-racines; et ce cuvier servira de mesure pour la charge de la chaudière d'amortissement. Je le nommerai *cuvier à sec*, parce qu'il n'y entre jamais de liquide.

§ II. *De la chaudière d'amortissement et du couvre-feu.*

On peut employer à l'amortissement, comme je l'ai dit, soit un cuvier en bois chauffé par un serpentin à vapeur, soit une chaudière à feu nu. Dans les fabriques où l'on emploie un générateur pour la concentration des sirops, il pourra convenir d'échauffer aussi à la vapeur le cuvier d'amortissement; mais, lorsque l'on concentrera les sirops à feu nu, le même moyen devra être employé pour l'amortissement, et c'est dans ce cas que le cuvier sera remplacé par une chaudière.

Le cuvier d'amortissement, lorsqu'on l'emploiera, sera semblable à ceux de macération; mais il aura quelques pouces de hauteur de plus, à cause de la place qu'occupent le faux-fond et le serpentin; et aussi pour laisser un certain espace au bouillonnement de la matière, lorsqu'on chauffe.

Le serpentin doit être plat, c'est-à-dire que ses révolutions seront placées dans le même plan, et assez nombreuses pour pouvoir chauffer le cuvier dans un court espace de temps. Le serpentin sera fixé à six lignes environ du fond du cuvier, et cet espace doit rester dégagé de tout boulon ou de tout autre obstacle qui empêcherait de faire circuler une baguette pour le nettoyer. Le faux-fond sera placé le plus près possible du serpentin, et sera formé de planches percées de trous de trois lignes de diamètre et espacés entr'eux de quatre ou cinq lignes seulement. Le faux-fond doit être fixé dans sa position, mais de manière qu'on puisse l'enlever facilement pour le nettoyage du fond du cuvier.

Si l'on emploie une chaudière à feu nu, elle sera à peu

près cylindrique et des mêmes dimensions que le cuvier, et portera aussi un faux-fond, dans le seul but d'empêcher que les betteraves et le filet qui les contient soient en contact immédiat avec le fond de la chaudière, où ils pourraient se brûler. Le faux-fond sera donc fixé à cinq ou six lignes seulement du fond de la chaudière.

Le foyer destiné à chauffer cette chaudière pourra être construit économiquement, sous le rapport du combustible; c'est-à-dire qu'on pratiquera un canal de circulation qui fera un tour entier autour de la chaudière, pour y conduire la flamme et la fumée. Ce canal aura 8 ou 12 pouces de hauteur, selon les dimensions de la chaudière et à partir du niveau du fond. La largeur sera d'environ 8 pouces, et l'on devra, dans la construction, ménager dans la maçonnerie des ouvertures placées de manière qu'on puisse facilement le nettoyer, s'il s'obstruait de suie ou de cendre. Ces ouvertures sont bouchées ensuite à l'aide d'une brique scellée en plâtre ou en terre. Le foyer aura la forme d'un cône tronqué renversé dont la base sera la surface entière du fond de la chaudière. La grille, qui forme l'extrémité inférieure du cône, pourra avoir, en diamètre, les deux tiers environ de celui de la chaudière. Elle se composera de barreaux de fonte d'un pouce de largeur sur deux pouces d'épaisseur, et distants entr'eux d'environ quatre lignes. Elle sera placée à la distance d'environ 12 pouces au-dessous du fond de la chaudière.

Le foyer et le cendrier doivent être munis de portières fermant très-exactement; ce qu'on obtient en appliquant contre la maçonnerie un châssis plat en fer forgé, formé de bandes d'une couple de pouces de largeur sur trois ou quatre lignes d'épaisseur. Ce châssis est appliqué sur la face extérieure du fourneau; et il est maintenu solidement en place par quatre agrafes rivées sur le châssis, et dont deux sont placées de chaque côté et formées de bandes minces de fer, placées à plat, dans le sens horizontal, de manière qu'elles se noient entre les joints des briques. Ces bandes, longues de huit à dix pouces environ, s'enfoncent horizontalement et obliquement dans la maçonnerie, des deux côtés de la gorge, sous un angle d'environ 45 degrés, avec le plan du châssis ou la face antérieure du fourneau. Le châssis ainsi établi est très-solidement fixé, parce que tous les ferrements sont à l'abri d'une forte chaleur, cause de promptes détériorations de toute maçonnerie dans laquelle on place des barres de fer dans le voisinage des foyers. Afin d'éviter que le châssis soit exposé à l'action rayonnante du foyer, on donne à son ouverture quelques lignes de plus, sur chaque côté, que les dimensions de la gorge en maçonnerie au-devant de laquelle il s'applique. C'est à ce châssis que sont fixés les gonds de la portière, ainsi que le mentonnet de la clanche. La portière en tôle, fortifiée par deux bandes, s'applique des quatre côtés, sur une largeur de quatre à six lignes, sur la face antérieure du châssis, mais sans aucune batte ou feuillure pour la recevoir. Les portières ainsi contruites sont les meilleures qu'on puisse appliquer à toute espèce de fourneaux; mais elles conviennent spécialement à ceux dans lesquels on a besoin de maîtriser le feu en arrêtant à volonté la combustion.

La porte du foyer n'a aucune ouverture, et celle du cendrier s'ouvre dans sa partie inférieure par une petite porte à charnière, qui ne doit laisser aucun passage à l'air lorsqu'elle est fermée, ou mieux encore par un registre tournant à l'aide d'un bouton, qui présente la fermeture la plus exacte. Ces dispositions sont nécessaires, parce qu'il importe qu'on soit maître d'activer promptement le feu ou de l'étouffer immédiatement pour le service de cette chaudière.

Pour arrêter en peu de temps l'action de la chaleur sans enlever le combustible, on se sert d'un *couvre-feu* formé d'une feuille ronde de tôle, des mêmes dimensions que le foyer, et un peu concave par-dessous, en forme de calotte. Elle est munie d'un manche à l'aide duquel on la fait entrer diagonalement par la porte du foyer, et l'on couvre ainsi toute la houille enflammée. On intercepte tout passage à l'air sur les bords du couvre-feu et surtout en avant, en face de la gorge du foyer, en y mettant un peu de houille menue humectée. En fermant alors exactement la porte du cendrier, la combustion est immédiatement arrêtée; et, en tenant ouverte la porte du foyer, il s'établit par là un courant d'air froid qui lèche le fond de la chaudière et qui parcourt rapidement le canal de circulation. On peut alors vider la chaudière sans inconvénient. Lorsqu'on veut ranimer l'action de la chaleur, on retire le couvre-feu et l'on ferme la porte du foyer. En ouvrant alors celle du cendrier, le feu prend très-promptement une grande activité. C'est seulement dans les foyers de petites dimensions que l'on peut faire le couvre-feu d'une seule pièce, et en supposant que la porte du foyer a d'assez grandes dimensions. Lorsqu'on ne pourra introduire par là un couvre-feu d'un diamètre suffisant, on le formera de deux ou même de trois parties, coupées de manière qu'elles se recouvrent un peu lorsqu'elles sont en place, et munies chacune d'un manche pour aider à les introduire dans le foyer.

§ III. *Des cuviers de macération et des filets.*

On opère la macération dans de simples cuviers en bois, sans faux-fond et sans aucun moyen de chauffage. Ils seront au nombre de cinq, si l'on veut épuiser les betteraves jusqu'à $^1/_2$° environ. Pour des cuviers propres à contenir 5 hectolitres de matière, sans être trop pleins, les dimensions suivantes conviennent bien : 3 pieds 3 pouces de diamètre moyen et 2 pieds 5 pouces de hauteur. Pour des cuviers de 2 hectolitres, on peut donner 2 pieds 1 pouce de diamètre moyen et 2 pieds de hauteur, le tout pris à l'intérieur. Cette dernière contenance est celle que j'adopterai pour les cuviers de la petite fabrique que je vais établir à Roville.

Le bois de sapin convient très-bien pour la construction de ces cuviers; et, si l'on y emploie du chêne, il conviendrait de ne les faire fonctionner qu'après avoir dissous tout le principe colorant du bois, en les emplissant plusieurs fois d'eau bouillante, et lorsque l'eau, soit pure, soit aiguisée de chaux, en sortirait entièrement sans couleur. Cette précaution est nécessaire pour tous les bois, et même pour le sapin; mais la préparation sera moins longue pour ce dernier, qui contient peu de matières colorantes. Le sapin offre d'ailleurs l'avantage qu'il ne se tourmente pas dans un contact prolongé avec le liquide chaud. La même préparation doit être donnée à tous les ustensiles en bois qui doivent être en contact avec le jus ou avec les sirops, ainsi qu'aux couvercles des cuviers.

Quelques faits m'ont donné lieu de croire que des parties de fer dans les cuviers de macération tendent à donner plus de coloration au jus. Il sera donc prudent d'éviter tout emploi du fer dans la construction de ces cuviers, jusqu'à ce que de nouvelles observations aient éclairci ce fait.

On devra donner une épaisseur un peu considérable au bois des cuviers, même de petites dimensions, attendu que dans ces derniers, en particulier, il importe de prévenir la déperdition de la chaleur pendant la durée de l'opération. Cette épaisseur ne devra jamais être au-dessous de 18 lignes.

On ne doit, d'ailleurs, concevoir aucune inquiétude sur l'emploi du bois, sans doublure de métal, pour tous les ustensiles qui sont destinés à contenir fréquemment des jus ou des sirops à un degré de température voisin de celui de l'ébullition : cette température elle-même offre un puissant préservatif contre les altérations que pourrait éprouver la portion de liquide que le bois absorbe. On devra, toutefois, apporter de grands soins à la propreté de ces vases, et les enduire d'un lait de chaux, après les avoir soigneusement lavés, toutes les fois que leur usage doit être interrompu. Tous les cuviers seront munis d'un couvercle joignant aussi bien que possible, et divisé en deux pour les cuviers un peu grands, afin qu'il soit plus facile de les transporter sur les cuviers voisins lorsqu'on a besoin d'en découvrir un. Pour les grands cuviers, il conviendra aussi qu'une des deux moitiés du couvercle soit divisée en deux parties réunies par une charnière, afin qu'on ne soit pas obligé d'enlever entièrement cette moitié, lorsqu'on voudra remuer les tranches dans le cuvier.

Tous les cuviers de macération sont placés sur le même niveau, mais de manière que le niveau de leurs fonds soit de six à huit pouces au moins plus élevé que les bords de la chaudière d'amortissement, afin que le liquide puisse s'écouler rapidement des premiers dans la dernière. A cet effet, un chenal large et profond régnera le long des cuviers de macération, et se versera dans la chaudière d'amortissement. Si l'on emploie des robinets pour l'écoulement du liquide des cuviers, ils devront avoir de très-larges ouvertures; mais on pourra très-bien remplacer ces robinets par de simples broches ou bondes en bois, formant un cône peu allongé, ensorte qu'on puisse les faire partir par quelques coups donnés latéralement. De la tête de chaque bonde partirait une lanière lâche, dont l'autre extrémité serait fixée au cuvier, ensorte qu'on n'aurait pas à s'inquiéter de ce que devient la bonde, lorsqu'elle se serait détachée, et qu'on ne serait jamais forcé d'y porter la main au moment où le liquide chaud va s'écouler. Dans cette combinaison, il conviendrait que le chenal communiquât à chaque cuvier par un embranchement qui formerait un angle très-ouvert avec le chenal principal. A cet effet, la bonde serait placée un peu sur le côté de chaque cuvier, et l'embranchement, qui serait dirigé en face de cette bonde, irait joindre le grand chenal, en faisant tangente avec le cuvier voisin.

Les bourses en filet sont d'une seule pièce et formées d'une bonne et forte ficelle. Le fond se commence par le centre, et l'on fait successivement des *rélarges*, afin que le fond soit à peu près plat, jusqu'à ce qu'on soit arrivé à un diamètre un peu plus grand que celui du cuvier. Ensuite on continue sans rélargir, afin de former le pourtour, auquel on donne au moins un pied de hauteur de plus qu'au cuvier, afin que le bord se rabatte tout autour en dehors du cuvier, dans lequel on peut brasser ainsi commodément, de même que s'il n'y avait pas de filet. Pour le fond de la bourse et le pourtour, jusqu'à la hauteur d'environ un pied et demi, on emploie pour les mailles un moule de treize lignes de diamètre, ce qui donne aux mailles vingt lignes en carré. Pour le surplus du pourtour, on emploie un moule d'un diamètre double du premier; mais, au premier tour que l'on fait avec ce dernier moule, on prend, dans chaque maille, deux mailles du tour précédent; ensorte que l'étendue du pourtour reste la même. On pourrait faire le filet entier en petites mailles; mais il y a économie à les faire plus larges dans la partie supérieure, où l'on n'a pas à craindre que les tranches de betteraves s'échappent. La ficelle dont on forme ces filets doit être préalablement détordue et bouillie dans l'eau.

Pour la propreté dans le service, l'assortiment des poches en filet doit être accompagné d'un *tablier* destiné à recueillir la portion de liquide qui s'écoule de la poche dans le transport d'un cuvier dans un autre, quelquefois assez éloigné du premier. Ce tablier est formé d'un carré de toile de chanvre forte et très-serrée, dont les côtés auront un peu moins que le diamètre du cuvier. Aux angles seront fixés des crochets au moyen desquels on accrochera le tablier aux mailles du filet, lorsque presque tout le liquide sera écoulé, et avant de faire mouvoir le mécanisme pour le transport du filet. Le tablier sera placé de manière qu'il ne soit distant que de quelques pouces de la partie inférieure du filet. Lorsque ce dernier sera parvenu au-dessus du cuvier dans lequel il doit être introduit, on enlevera le tablier, en faisant couler dans ce cuvier le liquide qui s'y était amassé dans le trajet.

§ IV. *Du cuvier à l'eau froide.*

Ce cuvier sera entièrement semblable à celui d'amortissement, soit qu'il soit chauffé à la vapeur, soit qu'il soit remplacé par une chaudière chauffée à feu nu. Ainsi, je renvoie, pour tous les détails de la construction, à ce que j'en ai dit dans le 2e paragraphe de cette section. Mais le cuvier à l'eau froide sera placé à un niveau supérieur aux cuviers de macération. La différence de niveau devra être de 6 à 8 pouces entre le fond du cuvier à l'eau froide et le bord supérieur des cuviers de macération, parce qu'il faut qu'on puisse faire écouler très-promptement, dans l'un ou l'autre de ces derniers, le liquide contenu dans le premier. Il sera adapté à celui-ci un robinet à large ouverture, placé sur le côté, dans la direction du centre du cercle formé par les cuviers de macération; et le liquide sera conduit, soit au moyen d'un chenal fixe placé dans une position parfaitement horizontale et percé d'un trou correspondant à chacun des cuviers de macération, et que l'on ouvrira ou fermera à volonté, soit à l'aide d'un chenal mobile que l'on mettra en place chaque fois que l'on en aura besoin, et que l'on avancera plus ou moins sous le robinet, de manière que son extrémité verse le liquide dans l'un ou l'autre des cuviers de macération. Ce dernier moyen conviendra de préférence aux petites fabriques. Ce chenal se construira en bois léger, et l'on en aura deux de longueur différente, pour la commodité du service, dans les divers cas. Quant au chenal fixe, je n'entrerai pas dans plus de détails sur sa construction, parce que, dans les grandes fabriques, où l'on pourra l'employer, on saura bien l'établir convenablement.

§ v. *Mécanisme à transporter les tranches.*

Le mécanisme à l'aide duquel on transporte d'un cuvier dans l'autre la bourse en filet contenant les tranches, peut varier selon la disposition que l'on veut donner aux cuviers, d'après les convenances du local. Si les cuviers doivent être placés sur une seule ligne droite, on peut disposer, à une hauteur suffisante, deux pièces de bois placées horizontalement et à la distance d'une couple de pieds entr'elles : sur ces deux pièces de bois, serait pratiquée une espèce de chemin de fer qui servirait au mouvement d'un petit charriot que l'on amènerait ainsi successivement au-dessus du centre de chaque cuvier. Au charriot serait fixée une poulie mouflée destinée à l'enlèvement des filets; et en faisant ensuite avancer le charriot, au moyen d'un mécanisme qui se manœuvrerait du bas, on le transporterait, ainsi que le filet qui y est suspendu, au-dessus du cuvier où l'on doit faire descendre ce dernier.

Si le local permet de placer les cuviers circulairement, on atteindrait le même but au moyen d'une grue placée au centre du cercle sur lequel les cuviers seraient rangés.

On laisserait en dedans de ce cercle et autour de la grue un espace suffisant pour la facilité du service. La grue porterait à une hauteur suffisante pour qu'on puisse élever facilement les filets au-dessus des cuviers, un bras horizontal qui s'étendrait jusqu'au-dessus du centre des cuviers. Ce bras serait fortifié par un arc-boutant, et l'on fixerait sur ces deux dernières pièces de bois une tige verticale descendant jusqu'à trois pieds environ du sol, et qui servirait à faire manœuvrer la grue. Pour la commodité du service, il conviendrait que cette tige, que je nommerai *gouvernail*, fût placée de manière à affleurer la surface des parois de tous les cuviers; et on la fixerait, au moyen d'une simple clavette, à celui sur lequel on a à opérer pour le moment. A la tige verticale de la grue serait fixé un treuil, avec engrenage, s'il était nécessaire, pour permettre d'élever et d'abaisser facilement les filets.

Une poulie simple ou mouflée, selon l'exigence des cas, serait placée à l'extrémité de la branche horizontale de la grue, au-dessus du centre de tous les cuviers; et de cette poulie partirait une corde terminée par une courroie à coulant, pour opérer l'enlèvement du filet, en saisissant tous les bords de la bourse réunis au centre à cet effet, de même que le font les *tire-sacs* employés aujourd'hui dans beaucoup de moulins ou de magasins à grain.

Le cercle ou la portion de cercle sur laquelle seraient placés les cuviers, serait donc formé, 1° du cuvier dans lequel tombent les tranches en sortant du coupe-racines, et que j'appelle *cuvier à sec;* 2° du cuvier ou chaudère d'amortissement; 3° des cuviers de macération, au nombre de cinq, placés à niveau supérieur aux cuviers d'amortissement; 4° du cuvier à l'eau froide, placé à un niveau encore plus élevé; 5° enfin, d'une plate-forme sur laquelle seraient amenés les filets contenant les tranches épuisées. Il conviendrait que cette plate-forme présentât un plan incliné conduisant à l'extérieur du bâtiment, dans un local où la matière serait reçue par les voitures qui doivent l'emmener.

Au moyen des dispositions que je viens de décrire, le coupe-racines étant placé près du cuvier à sec, la grue ferait à elle seule tout le service des mouvements auxquels doivent être soumises les tranches jusqu'à leur évacuation. Dans la disposition en ligne droite dont j'ai parlé plus haut, on atteindrait le même but par des dispositions analogues à celles-ci et qu'il serait surperflu de décrire.

§ VI. *Des chaudières d'évaporation et de cuite.*

Je ne dirai rien ici des appareils d'évaporation et de cuite par le moyen de la vapeur; et ce que je dirai des chaudières à feu nu aura principalement pour but d'indiquer aux personnes qui voudraient établir des petites fabriques, les dimensions que l'on doit donner à ces chaudières, par rapport à la contenance des cuviers de macération.

Le chauffage à feu nu convient très-bien pour la concentration et la cuite des sirops bien préparés, comme le prouve suffisamment l'exemple d'un grand nombre de fabriques qui travaillent depuis longtemps par ce procédé, et qui obtiennent des produits aussi beaux et aussi abondants que peuvent le faire les fabriques qui évaporent et cuisent à la vapeur. Ce dernier moyen est certainement plus commode, puisqu'il suffit de tourner un robinet pour appliquer immédiatement une grande masse de chaleur aux liquides, ou pour en faire cesser l'action. Par ce motif, et aussi parce que ce procédé est plus favorable à la propreté sur le sol des ateliers, ces appareils conviennent bien aux grands établissements, où l'on ne craint pas d'appliquer un capital considérable à la première mise de fonds; mais, dans les fabriques petites ou moyennes, on pourra traiter les sirops à feu nu avec autant d'avantages réels qu'on le fait dans les grandes avec l'emploi de la vapeur. Sous le rapport de l'économie du combustible, l'avantage n'est certainement pas en faveur de la vapeur, quoiqu'on l'ait assuré fréquemment. Je pense que les fabricants les plus éclairés seront aujourd'hui d'accord avec moi sur ce point; aussi l'on a vu récemment s'établir, dans le système de chauffage à feu nu, plusieurs fabriques dirigées par des hommes fort instruits et observateurs attentifs. Les sirops obtenus par le procédé de macération se prêtent d'ailleurs mieux que tous les autres à ce moyen d'évaporation, à cause de la grande pureté qui les distingue.

Les dimensions que l'on doit donner aux chaudières d'évaporation dépendent du procédé que l'on veut adopter, relativement à la filtration. Dans la plupart des fabriques, on filtre aujourd'hui le sirop lorsqu'il est parvenu à la densité de 15°, et une seconde fois lorsqu'il a atteint 30°. Je suppose toujours ici que les densités sont prises sur le sirop refroidi à la température atmosphérique; ainsi, le sirop qui marque 30° froid, n'en marquerait bouillant qu'environ 26. Comme cette double filtration améliore sensiblement les sirops, je supposerai qu'on adopte cette marche. Il convient alors d'avoir, pour une petite fabrique, deux chaudières pour évaporer le jus jusqu'à 15°, et une pour porter le sirop à 30. Si ce nombre de chaudières ne suffisait pas pour chaque opération, il vaudrait mieux les multiplier que d'établir des chaudières de très-grandes dimensions. Chacune de ces opérations peut se faire en moins d'une heure, pourvu qu'on ne mette le sirop dans les chaudières qu'à la hauteur de 4 ou 5 pouces, pour réduire cette hauteur à deux pouces ou un peu moins, lorsque l'évaporation est terminée. La forme ronde est celle qui convient le mieux pour ces chaudières, parce que l'action de la chaleur s'y distribue avec plus d'égalité sous toute la surface.

Le fond de chaque chaudière devra être entièrement plat, avec une légère inclinaison vers un des points de la circonférence; et à ce point sera un tuyau de vidange muni d'un robinet à large ouverture, afin qu'on puisse vider très-promptement la chaudière. On peut aussi les établir dans le système des chaudières à bascule, comme je le dirai tout à l'heure pour la chaudière de cuite.

En supposant que le jus porte 7° après la filtration qui suit la défécation, 100 litres de ce jus se réduiront à peu près à 43 litres, lorsqu'il sera concentré jusqu'à 15°, et à environ 18 litres à 30°. C'est d'après ces rapports que l'on devra calculer la surface qu'il convient de donner aux chaudières d'évaporation, d'après la quantité de jus que l'on doit produire par heure. On trouvera ainsi que, pour une petite fabrique employant des cuviers de macération de deux hectolitres, et où l'on obtiendra ainsi un hectolitre de jus déféqué par heure, les deux chaudières destinées à l'évaporation jusqu'à 15°, devront avoir de 26 à 27 pouces de diamètre, et la troisième un peu moins pour l'évaporation jusqu'à 30°; on leur donnera environ 14 à 15 pouces de profondeur.

Pour la chaudière de cuite, la meilleure forme est celle des chaudières à bascule, généralement usitées aujourd'hui dans les fabriques où l'on cuit à feu nu. Ces chaudières sont rondes, et portent d'un côté un très-large bec ouvert par-dessus, partant du fond de la chaudière, occupant toute sa hauteur, et assez long pour verser en une fois toute la charge de la chaudière dans un vase destiné à la recevoir. Cette chaudière fait bascule sur une tringle de fer placée au-dessous perpendiculairement à la longueur du bec, près de la jonction de celui-ci avec le fond de la chaudière. Une poulie mouflée, fixée au-dessus, sert à opérer ce mouvement de bascule, en soulevant la chaudière par le point de sa circonférence opposé au bec. Comme on voudra communément opérer la cuite des sirops de jour et dans l'espace de quelques heures, cette chaudière devra être plus grande que les autres, en proportion du degré de concentration du sirop qu'elle doit contenir. En lui donnant 30 pouces de diamètre, on pourra la charger de 30 litres de sirop, qui y occuperont une hauteur d'environ deux pouces, et chaque cuite se terminera en dix minutes au plus. Dans la petite fabrique dont j'ai parlé, où l'on obtiendrait environ cinq hectolitres de sirop à 30° pendant 24 heures, les opérations de la cuite s'opéreraient, à l'aide de cette chaudière, dans l'espace de peu d'heures.

Les foyers des chaudières à concentrer et à cuire devront être cylindriques, ensorte que la grille occupe autant de surface que le fond de la chaudière; et le cendrier sera disposé de manière que la grille prenne air sous toute sa surface. Ces dispositions sont nécessaires pour que la chaleur soit active sous toutes les parties de la chaudière; mais le fond seul de cette dernière doit être échauffé, et nullement le pourtour; car, autrement, le sirop qui s'y attache au-dessus de la hauteur qu'il occupe dans la chaudière ne manquerait pas de se brûler. Les portes du foyer et du cendrier devront être disposées comme je l'ai dit pour la chaudière d'amortissement. Si plusieurs foyers prennent leur issue dans la même cheminée, il est indispensable de donner à chacun un tuyau particulier jusqu'à la hauteur de 5 ou 6 pieds au-dessus du massif des chaudières; et chacun de ces tuyaux sera muni, à la portée de la main, d'un tiroir à coulisse, au moyen duquel on puisse fermer complétement ce tuyau, lorsque le foyer auquel il répond ne fonctionnera pas: sans cela, le tirage des autres foyers en serait considérablement diminué.

§ VII. *Des filtres à sac pour les dépôts des défécations.*

Les dépôts de défécation se filtrent dans des sacs en toile de coton pelucheuse, et les dimensions, ainsi que le nombre de ces sacs, se proportionnent à la quantité de jus que l'on a à traiter. Pour une petite fabrique où l'on défèque seulement un hectolitre de jus par heure, qui ne donnera guère plus de 20 litres de dépôt, il suffit grandement d'avoir 6 ou 8 sacs de deux pieds de hauteur sur 8 ou 10 pouces de diamètre : on les établit sur des ouvertures carrées formées par des pièces de bois de 5 ou 6 pieds de longueur chacune, sur une couple de pouces d'équarrissage, et réunies entr'elles par des traverses qui divisent la longeur de cette espèce de banc en ouvertures carrées de dimensions suffisantes pour recevoir l'orifice des sacs. Ce banc est établi à la hauteur d'environ trois pieds au-dessus du sol, à portée des cuviers de dépôt, et les sacs y sont suspendus, en fixant l'orifice de chaque sac à quatre petits crochets en fer fixés aux angles de chaque carré, sur la surface supérieure du banc. Sous les sacs règne une gouttière qui amène le jus filtré vers une des extrémités où il est reçu dans un cuveau.

Dans les grandes fabriques, on fait usage d'une disposition beaucoup plus commode, et qui consiste dans une caisse allongée, doublée en métal, et dans laquelle on verse à la fois tout le dépôt. Le fond de la caisse est percé de plusieurs trous d'un pouce de diamètre environ, et au-dessous de chacun d'eux on suspend un sac dont l'ouverture est liée à un tuyau court partant du trou ; ensorte que tous les sacs fonctionnent à la fois. Les sacs étant de dix pouces de diamètre, on les enveloppe, dans toute leur longueur, dans un fourreau de toile très-claire de cinq pouces de diamètre environ, selon le *procédé Taylor*, ce qui économise l'espace sans diminuer l'action filtrante des sacs. On continue de jeter dans la caisse de nouveaux dépôts, jusqu'à ce que les sacs soient obstrués ; alors on les remplace par des sacs propres. Au-dessous des sacs, le liquide est recueilli par une large gouttière qui s'écoule vers une des extrémités. On a soin de changer pour quelques instants le vase qui reçoit le liquide, lorsqu'il coule trouble, comme cela a lieu lorsqu'on charge de nouveau la caisse ; et l'on verse dans cette dernière le liquide qui a coulé trouble.

§ VIII. *Des filtres à noir.*

Dans les petites fabriques, ces filtres sont de simples cuveaux en bois de 24 à 26 pouces de hauteur sur un diamètre proportionné à la quantité de noir que l'on veut y mettre à la fois. Cette quantité est indifférente en elle-même, puisqu'on change le filtre lorsque le noir qu'il contient est épuisé au point que l'on a déterminé : ainsi, si d'après la quantité de sucre que l'on présume obtenir dans les 24 heures, on veut employer 60 kilog. de noir, on pourra diviser cette quantité en deux, en faisant les filtres d'une contenance de 30 litres chacun, pour l'espace occupé par le noir, et qui contiendront ainsi 30 kilog. Pour cela, la hauteur du noir étant supposée de 15 pouces, on donnera environ un pied de diamètre aux cuveaux-filtres. Chaque filtre servira ainsi pendant 12 heures à la filtration des sirops à 30°; ensuite on le remplace par un neuf, et l'ancien servira encore pendant 12 heures à la filtration à 15°, et enfin, pendant le même espace de temps, à la filtration du jus après la défécation. La propriété décolorante du noir est présumée alors être épuisée, et il a besoin d'être revivifié par le feu pour servir à de nouvelles opérations.

Les cuveaux-filtres sont munis d'un faux-fond mobile en bois, soutenu à un pouce environ du fond du cuveau, par des tasseaux cloués à sa surface. Le faux-fond est percé de beaucoup de trous, de même que je l'ai dit pour le faux-fond des cuviers de macération. Un autre faux-fond mobile semblable se place au-dessus de la couche de noir, et il est retenu dans sa position par trois taquets tournants, fixés sur les parois du cuvier. L'écoulement du liquide a lieu au bas du cuveau-filtre par un petit robinet placé au-dessous du faux-fond inférieur, que l'on ouvre à volonté, afin de retenir autant qu'on le désire le liquide en contact avec le noir. Le jeu de ce robinet se combine avec l'écoulement du réservoir supérieur, de manière qu'il reste constamment une épaisseur de quelques pouces de liquide au-dessus du faux-fond supérieur ; et plus l'écoulement du liquide par ces deux robinets est lent, plus longtemps le noir prolonge son action, qui devient ainsi plus efficace.

L'air logé entre le fond et le faux-fond ne pourrait s'en échapper et entraverait la filtration, si on ne lui donnait issue au moyen d'un *tube à air*. C'est un tube de fer-blanc de trois ou quatre lignes de diamètre, qui s'adapte à un trou percé dans la paroi du cuveau, immédiatement au-dessous du faux-fond inférieur, et qui, formant un coude, remonte à l'extérieur jusqu'au bord du cuveau, où il est fixé par quelques pitons.

A côté du cuveau-filtre est une petite estrade sur laquelle on place le cuveau-réservoir, d'où le liquide s'écoule, par un robinet, sur la surface supérieure du filtre; un autre cuveau, placé au bas, reçoit le liquide filtré.

§ IX. *Des cristallisoirs.*

Ce sont les vases dans lesquels on verse le sirop après la cuite, pour que le sucre s'y réunisse en cristaux, à travers lesquels s'écoule la mélasse, lorsqu'on met le cristallisoir en *purgation*, c'est-à-dire lorsqu'on débouche l'ouverture inférieure ménagée à cet effet. Autrefois on employait exclusivement comme cristallisoirs des *formes* coniques en terre cuite, percées d'un trou à leur extrémité, et que l'on place debout sur des pots de même matière, destinés à recevoir la mélasse. On emploie encore ces formes dans beaucoup de fabriques; mais, dans d'autres, on les a remplacées par des vases de formes assez variées, et ordinairement doublés en métal. Il est certain que de simples vases en bois, travail de tonnellerie, conviennent bien à cet usage. Je les ai employés dès 1811, et plusieurs fabriques en font usage aujourd'hui. Seulement, pour éviter les fuites pendant la cristallisation, ces vases exigent quelques précautions, dont on est dispensé au moyen de la doublure en métal. Mais, comme les vases en bois sont fort économiques, on pourra leur donner la préférence dans les petites fabriques, surtout lorsqu'on n'est pas à portée des localités où l'on fabrique des formes en poterie. Les précautions dont je viens de parler consistent à faire sécher parfaitement les vases de bois dans une étuve ou dans un four, avant de les emplir de sirop, et de serrer fortement les cercles dans cet état de dessiccation. On conçoit, en effet, que le sirop qui y est mis fort chaud, et qui, loin d'humecter le bois, en attire fortement l'humidité, le desséchera au dernier degré, et occasionnera un retrait d'où résulteront des fuites, si le bois n'a pas été d'abord complétement desséché.

Ces vases pourront contenir de 50 à 60 litres : ils seront un peu hauts, et beaucoup plus étroits à leur partie inférieure qu'à l'ouverture. Il est nécessaire qu'ils soient cerclés en fer. Le trou par où doit s'écouler la mélasse est placé latéralement et immédiatement au-dessus du fond, et on le ferme par une broche, lorsqu'on emplit le vase, pour le déboucher 12 ou 24 heures après, lorsque la cristallisation est complète.

On range ces vases debout, l'un à côté de l'autre, sur des bancs formés de traverses suffisamment espacées, et entre lesquelles règne une gouttière en tôle ayant sa pente vers une des extrémités où l'on place le vase destiné à recevoir la mélasse de tous les cristallisoirs ; ou bien on creuse dans le sol une espèce de citerne cimentée qui reçoit la mélasse qui coule des gouttières. Comme on recueille ainsi des mélasses de plusieurs qualités, dont les unes doivent être recuites, il faut construire plusieurs citernes, et l'on dirige dans chacune d'elles les mélasses de qualité analogue.

SECTION IX.

Devis des appareils et ustensiles pour une petite fabrique travaillant avec des cuviers de macération de deux hectolitres.

Je crois devoir terminer cet opuscule en présentant un état approximatif des dépenses que peut entraîner la construction des appareils et ustensiles pour une petite fabrique travaillant à feu nu. Ce devis est celui que j'établis moi-même, d'après les données que m'a fournies l'expérience de cette année, pour la petite fabrique que je vais former à Roville. Tous les ustensiles seront neufs, attendu que je n'ai pas jugé convenable, pour divers motifs, d'y employer ceux dont j'ai fait usage. Je ne pense pas que la dépense réelle dépasse les prévisions qui suivent :

Ustensiles en cuivre.	POIDS.	PRIX.		TOTAL.	
	Kil.	Fr.	C.	Fr.	C.
Chaudière d'amortissement de 2 pieds 6 pouces de diamètre sur 2 pieds de hauteur	30	»	»		
Une autre chaudière semblable, pour la chaudière à l'eau froide	30	»	»		
Trois chaudières de concentration de 26 pouces de diamètre sur 14 à 15 pouces de hauteur: 21 kilog. pour chacune	63	»	»		
Une chaudière à bascule de 30 pouces de diamètre sur 14 pouces de profondeur.	26	»	»		
Un portoir ou bec pour le transport des sirops	4	»	»		
TOTAL	153				
Cent cinquante-trois kilog. de cuivre, à raison de 4 fr. l'un		612	»		
Cinq tuyaux de vidange et leurs robinets, à raison de 20 fr. chacun		100	»		
TOTAL des cuivres		712	»	712	»
Fourneaux des chaudières.					
Maçonnerie en briques		140	»		
Douze portières de foyers et de cendriers, à 8 fr. l'une		96	»		
Six grilles, à 30 fr. en moyenne		180	»		
Six tiroirs pour les cheminées, à 2 fr. l'un		12	»		
TOTAL des fourneaux		428	»	428	»
Cuviers de macération et accessoires.					
Cinq cuviers de macération de deux hectolitres, construits en sapin et cerclés en fer, à 12 fr. l'un		60	»		
Trois cuviers de dépôt d'un hectolitre avec leur robinet, à 7 fr. l'un		21	»		
Chantier pour les cuviers et chenal pour la conduite du liquide dans la chaudière d'amortissement		25	»		
Huit filets, à 5 fr. l'un		40	»		
La grue et ses accessoires		70	»		
TOTAL de l'appareil de macération		216	»	216	»
A reporter		....		1.356	»

	PRIX.	TOTAL.
	Fr. C.	Fr. C.
Report....	....	1,356 »
Ustensiles divers.		
Un cylindre à laver les betteraves, avec sa cuve..	30 »	
Un coupe-racines..........................	150 »	
Six cuveaux-filtres en bois, à 5 fr. l'un........	30 »	
Douze cuveaux divers, à 3 fr. l'un...........	36 »	
Neuf petits robinets pour les filtres, à 2 fr. l'un..	18 »	
Deux brocs et 4 tandelins, pour le service de l'atelier..............................	24 »	
Cuvier pour réservoir d'eau..................	20 »	
Appareil de filtration pour les dépôts de défécation................................	30 »	
Vingt-quatre sacs en toile de coton pour ledit appareil, à 75 cent. l'un..................	18 »	
Ustensiles divers, comme pelles à feu, tisonniers, puisoirs, cuillers, aréomètres et thermomètres, etc..................................	80 »	
Total des ustensiles divers.	436 »	436 »
Mobilier de la purgerie.		
Un rafraîchissoir en cuivre..................	50 »	
Cent vingt tandelins ou hottes en sapin, cerclés en fer, à 3 fr. l'un.....................	360 »	
Cinq bancs de purgation, de 20 pieds de longueur chacun, avec chenal en tôle, à 20 fr. l'un...	100 »	
Cuveaux divers pour recueillir les sirops et mélasses..................................	30 »	
Un poële en fonte avec ses tuyaux...........	20 »	
Total de la purgerie.....	560 »	560 »
Dépenses imprévues.......................	....	200 »
Total général.....	....	2,552 »

A cette dépense il convient d'ajouter le prix de la licence pour la cession du privilége du procédé de macération. Ce prix sera proportionné à l'importance de la fabrication, et toujours extrêmement modéré. Je dois dire, d'ailleurs, à cet égard, que les licences porteront toujours la réserve d'une période d'épreuve déterminée, suffisante pour que le cessionnaire puisse s'assurer des avantages qu'il peut trouver à l'adoption de ce procédé ; ensorte qu'il pourra y renoncer pendant cette période, et faire annuler l'engagement qu'il avait pris, avant d'avoir payé aucune partie du prix de la licence.

FIN.

www.ingramcontent.com/pod-product-compliance
Ingram Content Group UK Ltd.
Pitfield, Milton Keynes, MK11 3LW, UK
UKHW020956180726
13838UKWH00003B/1360

9 782329 411163